資料採礦理論與實作——

以台灣觀光局網站瀏覽行為為例

王佳鳳　著

謝　誌

　　哈哈哈~「超」興奮，但卻有點落寞，是此時此刻心情的寫照……重返校園的自由，再次讓我創造了更精彩，更豐富的人生！

　　這段酸、甜、苦、辣的學習與回憶，也將永遠的烙印在我心中……畢生難忘！

　　我感激那段「辛酸」的日子，感激每位老師給的種種作業，讓我體會趕不完的報告，與永不停止的「衝刺」，但這也訓練了我，如何將不起眼的資料，急速的變成寶貴的資訊，並自得其樂的享受那收成後「甜美」的果實與成就；研究是孤獨的這句話，我也在此體會了，但……更瞭解到分享是快樂的道理，所以，我努力的將學習中的「苦」與別人一起分享，我感謝老天給我一個 EQ 極好的黃正聰老師與林建邦同學，黃老師是我心中的超人，他不僅體力好，更是洞察人心，每當我遇到瓶頸時，他都會在關鍵時刻出現並伸出援手，諄諄教誨給我明確的思維方法與人生方向；而林建邦同學則是富有智慧，勇於挑戰，兩年來奇怪的問題通通拋給他，並與他在不斷的溝通、辯論、思考的過程中成長與茁壯！而同門的「辣」學姐麗華，在她身上我看到了活潑朝氣與不服輸的毅力，警惕自己再過十年也要如此努力向上與保持美麗。

　　我們家族是由黃正聰老師領軍的「靜宜大學觀光資訊實驗室」，除了建邦、麗華外尚有健原、嘉惠與學弟妹等，大

i

家都很親切，也很有能力，在靜宜的日子能多賺了這一家人，我想真是不虛此行，感覺棒極了！

感謝溫柔有智慧的李君如老師給我人生上許多啟發，她運用了有趣的上課魅力與周延的思考方式開啟了我對學問探究的興趣，並讓我懂得如何站在巨人肩膀上去看世界！感謝口試期間勤益技術學院企管系主任邱文志老師的指導與寶貴意見，讓本研究更臻完善。除此之外我也要感謝學校所有老師，楊明青主任、楊正寬老師、黃麗分老師、陳貴凰老師、游瑛妙老師、黃章展老師、葉源鎰老師、張瑞奇老師、吳政和老師以及所有研究所同學，謝謝大家的知識的傳授與指導。

除此之外，在研究論文期間，我要感謝我大學同學彭正穎在電腦技術上不厭其煩的幫我解惑，以及交通部觀光局企畫組與中華電信資料的提供。

最後我要感謝我的家人、爸爸、媽媽、生給我強壯的身體，讓我不怕大風大浪，勇往直前，也要感謝哥哥、弟弟、小狗，謝謝他們不計較的支持與包容。

我要在此深深地向大家一鞠躬，沒有你們，我的論文就無法順利完成，謝謝大家，我會繼續努力，出人頭地～海闊天空，當隻永遠飛翔的王「好鳥」～

註：好＝佳
　　鳥＝鳳

讀書、走路、看世界！

王佳鳳　謹致 於
靜宜大學觀光事業研究所

建邦好友　正聰恩師　校長　我　麗華學姐

目　次

摘　要

台灣觀光資訊網站（http://taiwan.net.tw）是由交通部觀光局所建立，為我國觀光入口網站，每天約有一萬人次上網，在這無形中已經儲存著大量由 0 與 1 所組成的磁性記憶與資料，本研究運用資料採礦技術嘗試將龐大資料轉化成寶貴的資訊以供相關決策人員參考。

本研究取樣時間為 2004/2/1 到 2004/4/30 共三個月時間，針對台灣觀光資訊入口網站之網站日誌檔（log files）透過 WEB TREND、SPSS、SPSS CLEMENTINE 等軟體工具，對其作相關瀏覽行為之分析。

主要分析結果為：一、網路使用方面：每人上網瀏覽頁數平均為四頁，且停留時間以一分鐘內占最多人數，上網人數平日多於週末，一天內有三時段上網人潮，分別為早上九點到十一點、下午三點到五點、晚上八點到十一點。二、交叉分析方面：點選時間與旅遊型態有顯著差異，亦有些發現，例如：點選「都會類型旅遊」的人點選時間多接近周末放假前，而點選「長程旅遊」，如離島之旅的人點選時間多在星期一；更明顯的是發現「民宿」點選時機多在星期一、二的晚上時段，且點選人次是週末的 5 倍多。三、關聯分析方面：分別針對點選娛樂的「主題遊樂園」、文化知性的「故宮」、冒險刺激的「秀姑巒溪泛舟」、商務人士的「會議展覽」、以及高價位的「國際飯店與飛機」不同族群探討，並

得知不同旅遊類型群對於相關點選的旅遊景點亦不同。本研究最後並提出相關建議及策略供產、官、學界參考。

關鍵字：資料採礦、關聯分析、網站日誌檔、台灣觀光資訊入口網站

The Study of Applying Data Mining Technology to the Browsing Behavior in the Tourism Information Portal of Taiwan

ABSTRACT

There are at least 10,000 people browsing the Tourism information Portal of Taiwan（http://taiwan.net.tw/）and billions of the magnetic memory and data have already being stored, which are composed of 0 and 1. We provide references, which we transfer the great amounts of data into valuable information via Web mining technique to the decisive members.

The study period is three months—from 2004/2/1 to 2004/4/30, and it focuses on the log files of Tourism information Portal of Taiwan, which was analyzed via WEB TREND 、 SPSS 、 SPSS CLEMENTINE.

The results are as follows:

1.Internet usage: Averagely, each person browses four pages each day, and most people's browsing time is within one minute. There are more people surfing the Internet during weekdays, and there are least people surfing the Internet on weekends. There are 3 periods of the Internet—the first period is from 9: 00 am to 11:00 am; the second period is from 3: 00 pm to 5:00 pm; the third period is from 8: 00 pm to 11:00 pm.

2.Cross-analysis: the click time and types of traveling show great differences.

3.Connected analysis: The types of different tourists attractions are also different from click tourists attractions.

We offer the suggestions and strategies according the above results to the industry, the administrator, and the academic.

Key Words: web mining , relational analysis ,web side log files, the Tourism   information Portal of Taiwan

第一章 緒論

第一節 前言

　　根據世界觀光組織（World Tourism Organization，簡稱WTO）的分析報告指出，全球觀光人數自 1960 年的六千九百萬人次至 2001 年的六億九千三百萬人次，足足成長了十倍之多；就全球觀光收益而言，從 1960 年之六十八億六千七百萬美元至 2001 年的四千六百三十億美元，更成長高達六十八倍（WTO，2002）。世界觀光旅遊委員會（ World Travel and Tourism Council, 簡稱 WTTC ）更進一步預估，至 2005 年，全球觀光人數將成長至十億人次，且全球觀光收益亦將達到一兆美元，且至 2010 年，全球觀光就業人口數更可達三億三千八百萬人次。由此可知，觀光產業之於全球，乃至於單一國家之經濟發展，在可見的未來均扮演著重要的角色。而台灣乃地球村一員，面對這新世紀，除以經濟與全球互動共生外，「觀光」亦將成為台灣與世界接軌的重要產業之一。

　　由於網際網路與通訊科技迅速發展，經常上網人口數不斷增加，根據 NUA.com 於 2002 年 11 月的資料顯示，全球上網人口將近六億五千萬。而透過資策會 ACI-FIND 最新調查數據顯示，截至 2004 年 3 月底止，我國上網人口微幅成

長達 888 萬人，網際網路連網應用普及率為 39%，且有逐步爬升的現象。根據 IDC（Internet Data Center）的研究報告，預估在 2005 年，全球上網人口將達 9 億 4180 萬人。這些數據顯示出網路上無時無刻都有著大量的資料在進行傳輸。在這網際網路資訊的爆發中，已經儲存著數以兆計由 0 與 1 所組成的磁性記憶與資料。這些網路上隱藏的資料透過資料採礦（Web Mining）幫助決策判斷，將龐大資料採礦出有意義、可利用的知識，加以應用。

　　網際網路蓬勃發展，網路人口快速增加，企業急於 e 化；國內旅遊內容相關的網站，紛紛搶在這股熱潮上相繼成立電子商務競爭且日趨激烈，但過去網站雖著重於內容建置與經營策略，卻無法準確瞭解使用者習性與需求，身處於眾多的旅遊網站中，除了業者本身應具備有競爭力的旅遊商品及網站內容外，在網站首頁的內容規劃方面也應當真正貼近不同網路使用者的需求才能脫穎而出。

　　正因經營者注意到單方面盲目的提供服務是無法滿足使用者的，應提供高附加價值的資訊與服務，針對每一位顧客提供個人化的相關資訊，因此，本論文的目的在研究如何利用資料倉儲與網路採礦技術，從網站日誌檔中取得有意義的資訊，分析使用者的偏好與習性，清楚地瞭解網路瀏覽狀況，與使用者的偏好，可針對不同的管理階層或部門工作區別，提供各類型分析報告以滿足其工作上的需求，以提供網站未來的決策，內容的分配或比重，行銷成效或模式等對策。

第二節　研究動機

　　一般的規劃、決策人員欲了解消費者行為，除了市場調查、實地觀察之外，還有一個更為客觀及精準的方法，就是透過網站瀏覽行為之分析。得到的數據，可供決策者思考商業模式及投資報酬率；行政人員可調整人力資源配置，用以遣散人員或招募人員；行銷人員知曉廣告效果及時段安排、到訪人數、以及成效分析等；編輯可製作多一些使用者瀏覽較偏好之內容；資訊人員可修正程式錯誤、錯誤連結以及調校網站伺服器的效能等。

　　本研究擬利用網路採礦技術與統計方法，以觀光局網頁為例，進行實證研究。有鑑於政府積極推展觀光，有意在資訊網路方面發展與投資，而台灣觀光資訊網站每天約有一萬人上網站瀏覽，意圖找尋些相關的旅遊資訊，若能了解這些潛在的客群，解析瀏覽者對各旅遊景點偏好，並將資訊科技，應用在觀光產業發展，利用電腦技術尋找出可用資訊，以提供政府及各單位團體規劃決策之參考。

　　預期結果為不同類型的瀏覽者在不同時間點想要瞭解的東西是不一樣的。協助網路業者擬定針對多種不同旅遊型態之關聯配套規劃模式，期以結合行銷觀念的角度來思考旅遊網站的內容配置。針對整體網路使用者，利用可行構面區隔之，並就各區隔之網路使用者對於旅遊網站所提供內容的需要程度加以研究，以網路使用者的觀點來作為旅遊專業網站首頁規劃的基礎，分別滿足各類型網路使用者的需求。

第三節　研究範圍與研究目的

一、研究範圍

本研究以國內交通部觀光局網站之中文的觀光入口網頁為研究範圍，研究對象為上此網頁的不同瀏覽者。（觀光局網站：http://taiwan.net.tw/）

本研究時間為 2004/2/1 到 2004/4/30 為期三個月時間；WEB LOG 檔案資料量約 20G。

第一部份：將運用此 20G 資料，套用於 WEB TREND 軟體作瀏覽行為分析。

第二部分：擷取觀光資訊入口網站，中文版網頁之相關旅遊景點、型態之 URL 欄位，僅留下一百四十八個旅遊網頁作 DATA MINING 分析。

二、研究目的

由於此網站提供多種旅遊產品及旅遊資訊內容，供網路使用者瀏覽與搜尋的旅遊入口網站，因此將探討不同的瀏覽者在不同階段之需求；以及針對不同類型旅遊之網頁設計是否應符合不同瀏覽者需求提出相關經營方針。因此，本研究主要研究目的如下：

（一）針對主要上觀光局網站的瀏覽者作瀏覽行為分析。

（二）針對時間作瀏覽者行為分析。

（三）針對主要產品 URL 之位置作瀏覽分析。（以網頁上的主要觀光需求作欄位）。

第四節　研究流程

　　本研究之流程如圖 1-1-1 所示，包括從目前網路與觀光環境的問題中確立主題，釐清研究方向，然後針對網路瀏覽行為、資料採礦（Data Mining）等相關文獻進行深入研究，同時經由文獻及訪談觀光局網站設計的相關人員，提出網路瀏覽行為分析架構，進而分析資料模式，建立資料庫與資料倉儲，並分析資料，提出適切之行銷策略。

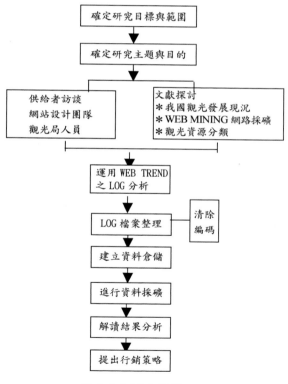

圖 1-1-1 研究流程

第二章　文獻回顧

第一節　我國觀光發展現況分析

一、來華旅客市場分析

依據本國觀光局調查結果顯示，旅客來台前曾看過台灣觀光宣傳廣告或旅遊報導者占 40.92%，並以觀光目的旅客曾看過台灣觀光宣傳廣告之比例（佔 58.51%）最高；旅客來台前除了透過「雜誌書籍」得知台灣相關旅遊資訊外，「網際網路」（每百人有 34 人）的傳播也是居次，不可忽視（參閱表 2-1）。且超過半數旅客未來希望透過「網際網路」取得台灣旅遊資訊（每百人有 51 人）（參閱表 2-1-2）這些需求讓我國觀光訊入口網站有更多的改善空間。由於網路普及有無遠弗屆之特性，又加上近年來網際網路使用量的人數增加，根據 NUA.com 於 2002 年 11 月的資料顯示，全球上網人口將近六億五千萬。在整體上網人口的趨勢上，台灣網路使用人數在 2004 年 3 月底已達 888 萬人，且有逐步爬升的現象（行政院主計處 2004）。所以使用網際網路來為觀光宣傳的效果必是未來趨勢與主力。

表 2-1-1　2002 年旅客來台前看過台灣旅遊報導之來源
單位：人次／每百人

項目	雜誌書籍	網際網路	報紙	電視電台	國際旅遊展覽	機場	地鐵	市間廣告燈箱	巴士車箱	其他
全體	59.24	34.04	33.80	28.10	8.79	6.84	3.13	2.58	2.11	6.06
觀光	64.62	27.79	32.68	29.54	9.63	5.03	3.65	3.28	2.92	4.23

資料來源：觀光局

表 2-1-2　2002 年來台旅客未來希望取得台灣旅遊資訊來源
人次／每百人

項目	電腦網際網路	雜誌書籍	旅行社	報紙	國際旅遊展覽	電視電台	台灣駐外機關	其他
全體	51.02	44.47	32.61	23.52	8.96	24.16	9.55	4.45
觀光	42.04	53.52	38.84	24.46	8.71	29.41	8.54	2.48

資料來源：觀光局

二、來華旅客人數

　　據觀光局調查，2002 年與 2003 年來華旅客兩百萬人次，其中以來自日本人次最多，其次為香港，再其次為美國人；來華目的在 2002 年時以觀光 101.7 萬人次為主（參閱表 2-1-3），而 2003 年卻因為 SAR 的引響導致觀光客下降由 101.7 萬人次減少到 69.5 萬人次，有鑑於去年的天災，我

們必須更加努力將著許多潛在的觀光客帶入我國，所以關於
我們國家對外的觀光入口網站，也必須達到人性化，品質第
一的標準，應多以外國人為考量，吸引各地外來遊客。

表 2-1-3　2002 年與 2003 年來華旅客居住別及目的

項目		2002 年統計數	2003 年統計數
來華旅客人數		272.6 萬人次	224.8 萬人次
居住別	日本	98.6 萬人次	65.7 萬人次
	香港	43.5 萬人次	32.3 萬人次
	美國	35.4 萬人次	31.4 萬人次
目的別	觀光	101.7 萬人次	69.5 萬人次
	業務	82.0 萬人次	69.8 萬人次
	探親	26.4 萬人次	28.0 萬人次
	求學	6.0 萬人次	4.8 萬人次
	其他	56.5 萬人次	52.7 萬人次

資料來源：觀光局

　　近年來，台灣地區歷年來華旅客雖逐年增加，但因我國
未能配合市場需求改善觀光產品內涵，導致觀光競爭力其他
國家比較均為遜色，台灣與亞洲其他重要國家相較之下，觀
光客到訪人數仍明顯落後（參閱表 2-1-4）。

表 2-1-4　台灣與亞洲其他重要國家之到訪人數表

項目	台灣	日本	南韓	泰國	香港	新加坡
到訪人次（萬）	262.4	475.7	532.2	957.9	1,350.6	769.1
成長率（％）	8.88	7.38	14.21	10.74	22.36	10.66

資料來源：觀光局

三、觀光局「台灣觀光資訊網」介紹

　　根據行政院主計處（2003）所宣稱：為配合行政院「觀光客倍增計劃」，暨提供外籍人士最正確、豐富、即時、互動的旅遊資訊，並利用網際網路無遠弗屆優勢的行銷特性將台灣行銷出去。

　　該網站係委託中華電信設計，完全以來台旅遊或洽公之外籍人士的角度所設計，於 2002 年 6 月建置完成，正式上線至 2002 年 12 月底網站歡迎頁瀏覽人數已突破 500 萬人次，到目前為止（2004/10/11）已有 16715792 人次。中文網頁每日瀏覽人次均 10,000 次以上，每月平均瀏覽人數高達 34 至 36 萬人次，並有逐漸增加趨勢。英、日文網站每日瀏覽人次約 3,000 至 4,000 次不等，每月平均瀏覽人數約 12,000 人次左右。

　　為服務不同語言體系潛在觀光客，到 2004 年 9 月已新增韓文版、德文版、澳洲版以及兒童注音符號版本、且網頁持續在增加修改中（參閱圖 2-1-1）。

在功能上，此網站建置之主要有六大功能，分別如下（參閱圖 2-1-2）：

圖 2-1-1　台灣觀光資訊入口網站首頁（http://www.taiwan.net.tw）

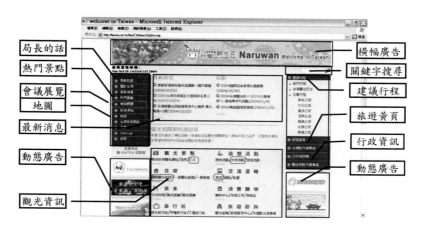

圖 2-1-2　台灣觀光資訊入口網站首頁配置圖（http://www.taiwan.net.tw）

（一）電子化地圖功能

電子化地圖是透過旅遊資料庫與地圖資料庫所有的旅遊訊息，以簡單易懂的圖像化方式呈現，也就是將所有的旅遊訊息表達在電子地圖之中，讓使用者能依個人需求如地理區、主題活動等等，做互動式的查詢。透過此功能圖文互查，外籍旅客可清楚了解台灣各區交通、景點、餐飲、商店的分布位置，地圖上多處景點點選後還提供景點 360 度環場影片播放，讓外籍旅客可以虛擬實境，清楚了解台灣之美！

（二）PDA 下載功能

PDA 的使用愈來愈為普遍，許多新款手機也結合 PDA 功能，搭配此項使用習慣之普及，「台灣觀光資訊網」的電子化地圖已開發完成地圖資訊 download 功能，外籍人士只要事前將地圖 download 至手機或 PDA 中，就可以一台 PDA 遊遍台灣，並可透過衛星定位功能，了解自己身處位置，減低迷路機率。

（三）行程建議功能

透過線上行程建議的功能，可依條件查詢行程，只要輸入幾個變數：旅遊天數、區域、方式（溫泉之旅、自然生態之旅..），網站就可幫你建議精采行程，玩得輕鬆又充實。

（四）熱門景點 360 度環場影片播放功能

網站提供前 500 大景點 360 度環場影片播放，讓網友感

受臨場感，未遊台灣前先體驗台灣。

（五）Hi Call 網頁預訂，網路電話一點通

率先推出 Hi Call 網頁熱線預訂，直接透過網頁撥號就可完成旅館訂房作業。

（六）全文檢索功能

無論網友對查詢資訊瞭解多少，只要鍵入關鍵字，相關資訊一覽無遺。

除了以上的主要功能，「台灣觀光資訊網」還擁有最豐富的台灣觀光資訊、美麗的圖片與影片。觀光局對該網站下一階段規劃將包括建立安全的電子商務環境及觀光旅遊市集機制，提供觀光產業旅遊商機；強化結合電子商務與行動通訊，最終達成健全台灣觀光旅遊優質化環境的目標。

第二節 Web mining 網路採礦

一、Web mining 網路採礦簡介

Web mining 與 Data mining 的概念與技術是相近的，都是在大量的、未知的，並具有潛力的龐大資料庫中，作萃取與採礦的動作（Fayyad，1996）。網際網路資料採礦是將資料採礦（Data Mining）技術應用在網際網路資訊的萃取上。網際網路資料採礦主要是希望透過網路上活動所累積的歷史資料尋找出有用的知識，以提供網站建構者或是電子商務

17

的經營者有用的資訊。利用這些萃取所得的資訊可以提供給網站管理者或企業作為管理或是行銷策略的參考依據（陳孟豪，2002）。

由於網際網路與通訊科技迅速發展，經常上網人口數不斷增加，全球上網人口將近六億五千萬。而透過資策會ACI-FIND 最新調查數據顯示，截至 2004 年 3 月底止，我國上網人口微幅成長達 888 萬人，網際網路連網應用普及率為39%，且有逐步爬升的現象（行政院主計處，2004）。根據IDC（Internet Data Center）的研究報告，預估在 2005 年，全球上網人口將達 9 億 4180 萬人。這些數據顯示出網路上無時無刻都有著大量的資料在進行傳輸。在這網際網路資訊的爆發中，已經儲存著數以兆計由 0 與 1 所組成的磁性記憶與資料。這些網路上隱藏的資料透過 Web Mining 幫助決策判斷，將龐大資料採礦出有意義、可利用的知識，加以應用，此亦為資料庫知識採礦的一部份（knowledge discovery in database，簡稱 KDD）。

網路採礦，廣義而言就是透過資料採礦技術來分析與網站相關的資料，如：網站瀏覽記錄（Web Log）、網頁內容（Web Content）、網頁連結架構等。藉由目前許多電腦軟體結合的網路伺服器（server）和資料庫（database）所記錄的網站訪客上網資料或網站消費者的交易資料，記載使用者每次存取網站的一些資訊，此資料庫除了反應使用者對網站的瀏覽需求之外，也可透過對這些資料的分析，提供組織決策或是行銷的相關資訊或是網站的建構者更多的資訊（Berry & Linoff，1997）。

二、網路特性

　　網路資訊在無遠弗屆的網路中不斷的散發與改變，讓人無法精確掌握，但卻又想擁有這些有利之知識，因此，目前有各種 web mining 相關技術相繼研發、創新，而在此過程中，也面臨到因虛擬之網路特性所帶來的小挑戰，如吳凱雯（2001）等人提出的網路特性有下列幾點（如表 2-2-1）：

　　也因為於此網路特性與挑戰下，對於網路調查方式也趨於多樣化，而針對網際網路使用者調查方法，主要可區分為三類（高玉芳，2000；鄭安授，2001；陳俊廷，2002）分別為網站流量分析、使用者回饋調查及稽核的抽樣調查三類型， Berry, M. J., & Linoff, G.（2003）認為以往我們在評估系統時並不是站在中立的角度，例如從擬定問卷、到解釋所收集的資料，很可能都會加入個人的主觀。而查詢過程記錄分析則純粹是收集使用者檢索的資訊加以分析，研究者本身並不會介入資料收集的過程，自然比較客觀。而且經由查詢過程記錄

表 2-2-1　網路特性

網　路　特　性
（1）網路資料過於龐大，包括全球資訊網中各網頁的文字、圖形、聲音等內容及網頁與網頁之間連結的主要架構以及瀏覽者的各種動作的日誌檔資料（log file）以及使用者的使用資訊，在複雜的資料網站不易精準分類。
（2）網路內容複雜多樣不再適用傳統分析方法必須經過篩選，處理成有規則性的資料。
（3）網路採礦必須透過各種不同的管道在網路上取得，這些管道

> 需要透過代理人（Agent）、或是由各種不同系統主機取得相關日誌檔資料，取回後還需依據各種資料特性加以處理，並利用適合的方式作資料採礦。
>
> （4）網路變化太快速，且來源無邊界，無法確實掌握網路使用者個人特質與偏好。

資料來源：吳凱雯（2001）。利用資料採礦技術提供網際網路使用者個人化服務。靜宜大學資訊管理學系碩士論文，台中。

所得到的資料是使用者實際的行為，並非是經由口述的間接資訊，故正確性、可靠性都較高。有關查詢過程紀錄分析的優點綜合如下：

1.是一種不涉入的研究方法，可以不影響到使用者而來觀察他們的檢索行為，獲得客觀的資料。

2.可以真實記錄使用者在檢索時到底有哪些行為，不需要經由使用者的口述，可得到比較正確的資料。

3.由於查詢過程記錄是由系統軟體記錄，故此研究方法成本不高，極具經濟效益。

4.查過程記錄分析可以被用於實驗性的研究（Experiment Study），也可以用於實地的研究（Field Study）。

雖然查詢過程記錄分析是一種相當客觀、完整的研究方法，但從以上的研究介紹以及學者們的分析，可以發現其中仍有一些限制，如下：

1.查詢過程記錄分析無法觸及到非使用者，而這些非使用者很可能有許多重要的原因導致他們不去使用系統（Linoff, G.，2003）。

2.查詢過程記錄分析只能顯示系統使用者做了哪些行

為，並不能解釋他們為何要這麼做，即查詢過程記錄只是一種資料收集的技術。

3.記錄的大小和完整性也是影響查過程記錄分析正確性的問題。雖然一個完整的查詢過程記錄如前所述，包含了相當完整的要素，但目前各種類似的軟體並無統一的標準，因此記錄的完整性差異較大。

雖然查詢過程記錄分析有之前所提及的一些限制，但並非完全不可突破，如果能夠結合其他的研究方法，便可彌補這方面的不足。查詢過程記錄分析應用於政府、圖書館系統的領域及網站的評估越來越多，且越來越多地研究著重於使用者的行為，在各領域方面，有學者利用查詢過程紀錄分析進行質化、量化的研究；在評估網站系統方面，學者多利用查詢過程記錄分析瞭解使用者瀏覽行為，並配合其它研究方法，希望從各種角度的分析來評估網站系統。而其分析優、缺點如下表 2-2-2。

本研究為了達到網站瀏覽個人化，採用網站採礦技術。因此，本節除了針對網站採礦之定義外，也將對網站採礦之重要資料來源－網站日誌檔，以及網站採礦的技術與分類作深入探討。

表 2-2-2　網站流量分析、使用者回饋調查及稽核的抽樣調查
三類型比較

類型	應用	優點	缺點	其他
網站流量分析	頻寬流量資料、網站記錄檔案分析（log file）、網路廣告管理軟體調查。	是在對方不知情的狀況下進行，分析瀏覽者在瀏覽網路時所留下路徑、行為及偏好的資料。	無法精確的瞭解個別使用者的基本資料	需要配合其他項調查來增加其準確度。
使用者回饋調查	線上問卷調查公開方式蒐集個別使用者網路使用行為與態度的報告。	可以瞭解使用者人口特質等個人基本資料；可依研究需求不同而可設計不同問項等的統計資料。	使用者填答率不高；個人資料不易分辨真、假。	有時需以獎品誘惑填答者，提高填答率，與真實性。
稽核的抽樣調查	它本身透過追蹤軟體記錄使用者的網路活動。	能針對個別使用者進行行為分析，網路使用者是在知情的情形下接受調查。	需較專業的設備與人力，且需以網站維護者配合。	使用者回饋調查的方法可以與稽核的抽樣調查結合運用，達到網路調查互補的功能。

三、網頁採礦分類

網站採礦（Web Mining）利用資料採礦技術從全球資訊網上中發掘與分析有用的資訊。網站採礦多利用在網站內容採礦（Web Content Mining）、網站結構採礦（Web Structure Mining）以及網站使用採礦（Web Usage Mining）三類（Berry & Linoff，1997），而主要採礦資料（Main Data）分別為文字、超文件、連結、瀏覽者與伺服器上的 Logs 資料如圖 2-2-1 所示。

（一）第一類為網路資料內容採礦（Web Content Mining）

網頁內容採礦，是對於網頁的內容進行採礦與分析的工作，如網頁中的文字、超連結、網頁所在的目錄結構、瀏覽者輸入的資料、網頁本身的大小等（楊煜愷，2001）。但是在網路上到處充滿著異質性及缺乏結構化的資料來源，這些未過濾的資料，使得探索網路型態資料更佳的困難，因此，近來很多研究者發展更具有智慧的資訊探索工具，如智慧型網路代理人、多階層資料庫網路查詢系統及資料採礦技術來讓半結構化的資料更具組織性。而 Web content mining 就提出新方法來找出結構化的資訊，來並適當地對資料做語意分析，加強搜尋引擎的功能，讓使用者可以更容易地找出其所想要的資訊。在相關應用的有：分析網站內容、加強搜尋引擎能力。

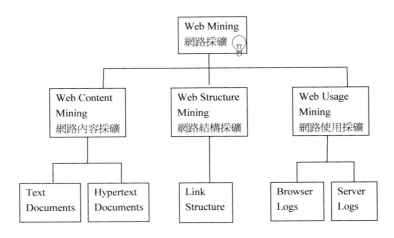

圖 2-2-1　web mining 之分類

在（Tao Guan & Kam-Fai Wong, 2000，轉引自陳孟豪，2002）提到網頁內容採礦的方法，主要是透過文字比對方式進行文件分析，包括一、關鍵字為基礎的探（Keyword-Base Mining）主要是針對網頁中一些特殊的關鍵字做萃取，例如：在文件中出現符號@表示這段文字可能為 E-mail。二、以文字特徵值為基礎的採礦（Pattern -Base Mining）是以使用者自己定義的特徵值，經過與網頁內容做比對，若相符合就將他擷取出來，例如：Dr.Jimmy 或是 Mr.Chen 透過 Dr.與 Mr.等文字組合，我們就可以發現這一段文字可能為人名。以及以樣本為基礎的採礦（Sample- Base Mining）使用者所給定的段落範本，透過文件結構與型態的比較將相似的文件取回。即在比較兩個文件的相似度時，可以透過它文章中的文字特徵的相似度，例如：文字中的名詞、動詞、數字與前面

所述的文字特徵值，藉由這些特徵的比較我們可以判定文章的相似度。

（二）第二類為網路結構採礦（Web Structure Mining）

網路結構採礦是採礦是探索網站內部其網頁間的超連結，所產生出網站鏈結架構結果。有三種方向可以進行此類的採掘：一、以超連結為主，將網頁進行分類並產生架構資訊。二、探索網站文件本身的架構。三、探索在網站內不同網域的階層式架構或網路式架構（盧木賢，2003）。除此之外，對於兩個網站之間的比較，例如網站的相似性或是關聯性，也很有幫助。網頁結構採礦最大的用途在於能夠透過圖形化的網站內部結構描述，網站設計者可用以檢視網站設計的架構，提供更好的服務品質，來提昇企業競爭力。

（三）第三類網路使用採礦（Web Usage Mining）

在網頁使用採礦相關的文獻之中，大部分的內容主要是針對使用者在使用網際網路時的使用情況的樣式作採礦，在探索使用者對伺服器的存取模式。藉由找出使用者在進入一網站後，其網頁瀏覽的情形與傾向，這些資料包括：存取日誌檔（access logs）、參照日誌檔（referrer logs）、使用者登入資料、滑鼠點選或其他互動動作等。這些資料都記錄著使用者瀏覽網站的行為與操作過程，方便從中發掘使用者瀏覽的習性、找出有用的訊息，藉由分析這類的資料能夠幫助企業判斷出有價值的顧客、制定有效產品策略及促銷策略，此外也能夠替企業網站規劃出最佳的瀏覽動線構性的呈

現，更準確地鎖定目標顧客群（鄭旭峰，2001）。而本研究即是屬於此類型的網路採礦，將採礦的觀光局網站，經由分析使用者存取日誌檔、整個瀏覽途徑，可更以瞭解使用者的偏好與興趣，作為網站改善，行銷策略之參考目的。例如：當我們找出了使用者的存取路徑時，我們便可將觀光活動的相關資訊放在最常被瀏覽者存取的網頁上，以提升使用者的參與率;或是根據使用者的存取路徑，將網站的連結結構合理化使使用者能透過最少次的連結，便找尋到所想要的資訊。

Cooley（1997）所提出的 web usage mining 的架構（圖2-2-2），將 web usagemining 之流程分為以下步驟：

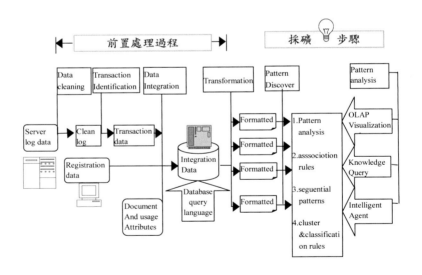

圖 2-2-2　　web usage mining 的架構圖　Cooley（1997）

四、網站使用狀況採礦

　　網站使用狀況採礦與分析，主要是瞭解網站使用者的行為，進而推測使用者未來的動向。這類採礦的來源資料主要是內含有限資訊的網站日誌，再利用序向型樣採礦演算法，發掘出頻繁型樣，並產生序列關聯規則，以作為網頁推薦機制及個人化之用。

　　網站雖是透過網際網路管道發佈，提供使用者豐富萬千的資訊，但對於使用者瀏覽網站的行為，卻沒有直接的資訊回饋至網站管理者，僅有日誌檔內雜亂無章的內容，依序且交錯地記錄著每個使用者在網站上瀏覽網頁的狀況。若採取會員制度的建立，迫使使用者登入帳號，做為瀏覽的記錄，這種方法固然可以輕易且精準地記錄使用者的行為，但相對地，以私密性與便利性方面的考量，卻有廣大的使用者會對此類網站怯步，造成網站吸引力的低落，縱使掌握確切的使用者行蹤，卻無法進一步拓展使用者人口，此舉反而喪失了網站分析的意義。為了瞭解使用者在網站上的行為，作為預測及推薦的基礎，「網站使用狀況採礦」是分析網站日誌內的記錄資料。網站日誌是記錄每位使用者瀏覽網站的狀況，不同使用者的記錄都儲存在同一個網站日誌中，不過，由於使用者的瀏覽器快取，會造成日誌內容的不完整，要如何完成日誌採礦的工作，除了採礦演算法的建立外，採礦前的資料準備工作也是非常重要，包括：

（一）前置處理步驟

（1）Data Cleaning（去除不必要資料）：將網路上取得不同型態，來源性質之資料的初始處理動作，包含整合相關的 log 檔以及去除不必要的資料如圖檔，內嵌物件等。

（2）Transaction Identification（交易確認）：經過初始處理之後，必須對 log 檔中的各項記錄作交易（transaction）之歸類，也就是依照性質不同區分不同欄位以供電腦分析處理。

（3）Data Integration（資料整合）：為了找出 access pattern，我們必須整合資料，這些資料可能包括使用者的註冊資料、文件的屬性或是資料查詢語言等。並將整合資料 Transformation（轉換）成適當的格式來進行採礦。

前置動作是很複雜的，整理的這些動作，佔了整個採礦流程中的 70%以上，這些瑣碎動作整理完後，才是真正開始進入採礦的步驟。

（二）採礦的步驟

使用整理過後的一般格式資料，配合各種不同的 Pattern Discovery 方法（如：路徑分析、關聯規則探索、循序型樣探索、集群與分類規則探索）進行採礦的工作，便於後續分析。而在型樣分析上，可運用線上分析處理工具、知識查詢工具，或是智慧型代理工具的協助。

五、Web Mining 的技術與方法

網路採礦的技術與資料採礦原理相仿，其技術有路徑分析（Path Analysis）、關聯規則（Association Rule）、連續、順序模型探索（Discovering Sequential Patterns）、分類規則探索（Discovering Classification Rules）、群組探索（Discovering Clustering）與時間序列分析（Time Series Analysis）（Berry, M. J., & Linoff, G.，1997），以下將對此技術作介紹，並以此觀光局網站之研究為假設之之應用範例：（觀光局網站：http://taiwan.net.tw/）

（一）路徑分析（Path Analysis）

路徑分析，將使用者存取檔案之 URL 紀錄，在欄位中刪除其副檔名，剩下欄位的資料做路徑分析，可以用來決定網站最常被瀏覽的路徑，替使用者安排最佳的內容與規劃瀏覽動線，如以觀光局為例假設分析出下列結果：

例如：

1.50 ％的使用者連到

travel_tour/journey_content.jsp?journey_id=227（台中美食二日遊）的路徑，是遵循 travel_tour/journey_search.jsp（建議行程）到 travel_tour/index.jsp?class=11%2B11（美食之旅）路徑連結過來的。

2.70％的使用者是從

travel_tour/index.jsp?class=11%2B11（美食之旅）開始

瀏覽此網站。

3.65％的使用者在瀏覽不到 2 頁後便離開此網站。

由此分析可看，journey_content.jsp?journey_id=227（台中美食二日遊）包含使用者感興趣的內容，但超連結需要繞一下才可找到，此外大部分人是直接瀏覽 travel_tour/index.jsp?class=11%2B11（美食之旅）跳過建議行程，這表示使用者對欲瞭解之主題很明確。對這預測的網站而言，重要的資料最好放在網頁兩個網頁頁面內容的限制下，激發使用者購買的動機。同時，產品間相互推薦，讓網路瀏覽者有機會接觸其他產品。從路徑分析（Path Analysis）讓網站規劃人員及網頁設計人員如何安排網站內容，抓住網站瀏覽者（Browser）的心理。

（二）關聯規則（Association Rule）

關聯式演算法有很多的應用，包括庫存的策劃、置物架的安排、超級市場、及一些拍賣會的促銷等。若以行銷為例，在購買香煙的消費者，有 80％的消費者也會同時購買了酒；這兩者關係的描述就是一種關聯，而且很清楚的表現出行銷行為所要注目的焦點。目前已有很多技術支援這些關聯式的規則演算，而決策者將可很輕鬆的從資料庫中，找出許多的資訊供做參考（Fayyed, 1996）。

在關聯式演算法中有兩個重要的概念，一個叫支持度（Support Level），一個叫信賴度（Confidence Level）。在上例中，80％即為信賴度，也就是比例中的獨立事件（Prob（B｜A））。而支持度是指這些關係的最少數量，也就是比例中的聯集（Prob（B∪A））。

　　若依照 Agrawal and Srikant（1994）所設計的流程，並以技術的觀點來看關聯式法則的建立，基本上可以分為下列兩個步驟：

　　1.在資料庫中尋找出所有可能的多數項集合（Large Itemsets），並且這些多數項集合的支持度（Support Level）要大於所設定的最小支持度（Minimal SupportLevel）。

　　2.利用多數項集合以產生適當的法則。例如，假設找出的多數項集合為 XY，則可能產生一條法則為 X□Y，同時我們亦計算當 X 發生時也發生 Y 的機率 Support（X ∩Y）／Support（X），即所謂的信賴度（Confidence Level）；若是算出的信賴度大於所設定的最小信賴度（Minimal Confidence Level），則此條法則就可以被確立。

　　在網路伺服器中，所蒐集到的資料都是使用者對伺服器所存取的行為，我們可利用這些使用者所瀏覽過的檔案來分析是否彼此間存有關聯。

　　例如：

　　（1）60％瀏覽 Cht/travel_tour/index.asp?class=11%2B13(溫泉之旅）的使用者，也點選
　　　　 Cht/travel_tour/index.asp?class=11%2B11
　　　　（美食之旅）的途徑。

　　（2）80％使用者瀏覽過 travel_tour/index.jsp?class=11%2B16
　　　　（ecotourism）路徑，便會
　　　　 /booking/accommodation_location_list.jsp?journey_id=192
　　　　路徑下的產品下訂單。

　　在交易資料庫中，可以分析顧客同時購買產品 A 與產

品 B，此時可以說產品 A 與產品 B 具有某種程度的關聯關聯規則在 Web Mining 的應用研究。從關聯規則可知，電子商務環境下需要如此的規則來做行銷，便於瞭解潛在市場在哪裡（陳建銘，2001）。

（三）連續、順序模型探索（Discovering Sequential Patterns）

此方式和關聯方式類似，但連續、順序模型探索（Discovering Sequential Patterns）方式是以時間（Time）軸將相關的項目（item）是以時間區分開來，它的順序是和時間有相關聯的。

例如：

1. 上週有 70%的網路瀏覽者是在觀光局網站中查詢關鍵字「節慶」，之後才連結到 travel_tour/journey_search.jsp（建議行程）的路徑。

2. 有 60%的人在 /booking/accommodation_location_list.jsp?journey_id=520（住宿）路徑線上訂購產品，於 15 天內也會 /booking/dining_content.jsp?id=58（餐飲）訂購另一項產品。

循序瀏覽方式讓網站研究人員看到了前因後果關係，幫助研究者預測網路瀏覽者下一步可能的動作，尤其是習慣將「下一步」按鈕按到底。若能掌握住這種連續、順序模型，就如同獵人設置陷阱一般，等著獵物自動上門（陳建銘，2001）。

（四）分類規則探索（Discovering Classification Rules）

分類在資料採礦的演算法中，扮演一個非常重要的角色，它會依據資料的屬性、特性做計算，再依照結果作分類。可以將使用者特依共同的特性，如人口特徵或存取模式分類，建立一剖面圖（Profile），描述它們的特徵。

例如：

1. 自日本入口網站超連結而來的人士對 travel_tour/index.jsp?class=11%2B13（溫泉泡湯）較有興趣。而由英文入口網站連結而來的人士對 travel_tour/index.jsp?class=11%2B12（文化歷史）較有興趣，而由中文入口網站超連結而來的人士對 news_event/news_content.jsp?id=2643（最新消息）較有興趣。

2. 在 travel_tour/index.jsp?class=11%2B16（生態之旅）點選的有 50％使用者是來自政府單位 IP。

也可以做更直接的資料採礦；例如，哪一類型超連結而來的使用者會參與正在促銷推動的產品？是.com、.edu，還是.org？還是從日本入口網站、英文入口網站還是中文入口網站而來的？如果分類規則在 Web Mining 的應用研究結果是.com，或日本國，等到下一次從.com 或日本超連結而來的使用者，就是我們潛在的客源，可提出有效行銷策略。

（五）群組探索（Discovering Clustering）

群組（Clustering）是將資料分成數個組別，相當於行銷

術語中的區隔化（Segmentation），但事先未對於區隔加以定義，而是在資料中自然產生區隔，達成讓群組內的資料相似度最高，讓群組跟群組間的資料相似度最低的目標。同時將組內特性找出來，將有相似特徵的網路使用者予以歸納成數群。面對著全球資訊網的潛在使用者，要如何知道各使用者的特性？對於使用者個別需求，如何知道使用者需要怎樣的服務？此時便可以使用群組探索的方式，針對群群之間作行銷策略的制訂以及線上或離線的促銷活動（陳建銘，2001）。

　　例如：可分析出 25％的使用者習慣於晚上上網、對 travel_tour/index.jsp?class

　　=11%2B13（溫泉泡湯）有強烈興趣。要了解每一位全球網路瀏覽者是複雜且不易的，但可以將瀏覽者依某些特性、因素而形成一個群組後可再進行分析，提出行銷策略。

（六）時間序列分析（Time Series Analysis）

　　時間序列與迴歸相當類似，它是用現有的數值來預測未來的數值。時間序列與迴歸的不同點在於時間序列所分析的數值都與時間有關。

　　可處理有關時間上一些特性的分析；

　　例如：分析在一週內，瀏覽者登錄某一個網站的趨勢是否比週末少？或是分析一年中，觀光淡、旺季之瀏覽者瀏覽趨勢為何？瞭解不同時期，不同使用者所感興趣的項目。可以適時的在安排網站中的促銷活動或其他相關實體行銷策略。

　　由於企業將各種資訊透過不同的儲存媒介記錄下來，加上網路的快速發展，透過網路瀏覽網頁、傳輸資料及購物的人潮激增。使用者的瀏覽行為被完全地記錄下來。這些紀錄已經被企業視為公司資產的一部分，如何成功地應用以找出使用者的消費習慣或網頁之間的關係成為是否能成功的關鍵。最後將上述 Web Mining 的技術整理如下表 2-2-3：

表 2-2-3、Web Mining 功能與應用

功能	目的	應用以觀光局為例
路徑分析	找出兩個或數個瀏覽網頁路經之間的關聯性。	1. 建議行程＞美食之旅。 2. 美食之旅＞台中美食二日遊。
關聯規則	分析某位特定的使用者所瀏覽過的檔案或購物商品間是否彼此存有關聯	多數人會點選溫泉之旅，也會點美食之旅。
連續、順序模型探索	了解瀏覽某網頁或多個資料間前因後果關係。以時間軸將網頁區分。	一星期前搜尋節慶的人，會搜尋建議行程之後訂位。
分類規則探索	將瀏覽者或交易資料做分類，描述它們的特徵；或將資料依屬性分類。	自日本超連結的人士對溫泉泡湯有興趣、而由英文連結來的文化歷史有興趣，而由中文連結來的人士對最新消息較有興趣。
群組探索	將資料或網頁分成數個組別，目的在找出組間差異，同時將組內特性找出來。	晚上上網人群、對溫泉泡湯有興趣。
時間序列分析	處理交易資料或網頁間有關時間上一些特性的分析。	可分析淡、旺季之消費者需求。 淡季喜歡自助旅行，旺季喜歡點選促銷活動等。

資料來源：本研究整理

六、網站日誌

　　所有網際網路上的主機，包括：網站、代理伺服器或防火牆都具備了記錄網路流量及所有索取（request）紀錄。這個記錄檔包括了每一個使用者向主機的索取、曾經發生的錯誤、處理索取所花費的時間及頻寬、IP 網址、使用者從哪裡而來等種種資訊，這個記錄檔可以隨時儲存或歸檔於任何地方。日誌檔中的每一筆記錄均代表了每一筆主機曾經接獲的索取要求，以及主機對這一個索取的回應方式、回應時間等等。一個日誌檔就如同一個經過特別樣式定義的文字檔，它以日期、時間的排序記載了主機所有資訊。系統因此可以從萃取過的資料中歸納出訪客的活動模式，分析以及提出策略，而以下將為網站日誌檔作介紹。

　　例如：

　　202.145.127.18 - tonie2 [12/Oct/2003:21:49:51 +0800] "GET /phpMyAdmin/sql.php?lang=zh-tw&server=1&db=snort&goto=db_details_structure.php&table=event&sql_query=DELETE+FROM+%60event%60&zero_rows=%B8%EA%AE%C6%AA%ED+event+%A4w%B3Q%B2M%AA%C5&is_js_confirmed=1 HTTP/1.0" 200 53855

"http://twhiker.no-ip.org/phpMyAdmin/sql.php?lang=zh-tw&server=1&db=snort&goto=db_details_structure.php&table=opt&sql_query=DELETE+FROM+%60opt%60&zero_rows=%B8%EA%AE%C6%AA%ED+opt+%A4w%B3Q%B2M%AA%C5&is_js_confirmed

=1" "Mozilla/4.0 （compatible; MSIE 6.0; Windows NT 5.1）"

　　以上為一個人的一筆瀏覽日誌檔並可解釋為：

　　在西元 2003 年 12 月 12 日的 21 點 49 分 51 秒，名為 tonie2 的使用者從 IP 位置 202.145.127.18 連結過來，使用 HTTP1.0 通訊協定，過來瀏覽網站，使用者使用 Windows NT 5.1 作業系統，及 IE6.0 瀏覽器。網站通訊埠為 80，伺服器名稱為 twhiker.no-ip.org，經由首頁—>/phpMyAdmin/這個路徑成功取得了"sql.php"這個網頁資料。伺服器回應 200 狀態碼表示正常，並傳送了 53855 個位元組給 tonie2 使用者。

　　一般日誌檔的欄位可分為：

第一個欄位：使用者的來源 IP。（202.145.127.18），
第二個欄位：使用者名稱。如果是會員登入網站，他會將使用者 ID 寫在這裡（- tonie2），
第三個欄位：時間。+0800 表示 CST 中原標準時間（[12/Oct/2003:21:49:51 +0800]），
第四個欄位：欲存取的目標之 URL。用" "標起來，例如 "GET 這個是使用者使用的命令（GET），所點擊的網站 URL（/phpMyAdmin/sql.php ）。
第五個欄位：所使用的 Http 版本。HTTP/1.0 是協定版本
第六個欄位：資料存取狀態。200 為成功傳回資料，404 則為存取失敗。（此處為 200，成功）
第七個欄位：所傳回資料之大小。53855 表示傳送出去的資料大小（53855 位元）而這裡的 URL 就是要統計的使用點閱位置。
第八個欄位：是使用者用的瀏覽器版本。"Mozilla/4.0 （compatible; MSIE 6.0; Windows NT 5.1）"

資料提供：彭正穎，2004

　　有了充分的網站日誌檔，再結合瀏覽者的基本屬性，可以分析出不同人士之瀏覽者行為及習性，但有些網站沒有會員資料，或瀏覽者個人屬性資料，也可以利用網路位址的分布，推敲出使用者的使用所在地，成為提供地域分析重要的參考資訊。

　　在網際網路上所有的設備都具有唯一的網路位址，這些位置的分配是由 IANA 這個組織所管轄。說明現行的網路資源「IP address」的管理架構，其架構從最上層的 IANA（http://www.iana.org）到管理亞太地區的 NIC（Network Information Centre）APNIC.net，再將 IPv4 分配給亞太地區裡的不同國家，由各國家的 LIR 再將資源授權給不同的網際網路服務提供者（Internet Service Provider, ISP）或一般用戶（End User,EU）。如果我們的網站讓用戶留下正確的個人資料，也無法利用網路位址直接獲取所有使用者的真正位置，但仍可推敲出部分區域，再配合郵件帳號的網域名稱做交叉比對與進一步的確認，達成蒐集使用者的地域資料目的。

　　而本研究針對台灣觀光局政府網站作研究，自從 2003 年六月開始建置使用，到目前為止（2004/10/11）已有 16715792 人次，若能將這龐大的瀏覽量，與長時間的瀏覽行為資料，對此資料分析，將可增加觀光局政府更多決策的方向。

表 2-2-4、關於 Web Mining 相關文獻探討

姓名	研究題目	研究內容
92 盧木賢	資料採掘應用於 Web Marketing	本研究是對電子賀卡網站的資料，利用採掘不同的演算法與採掘功能，針對網站使用狀況進行網站會員與非會員的行為分析。採掘隱藏在網站日誌裡的資訊，以研究使用者的行為與嗜好，並分析網站設立的效益及提供網站設計單位與經營者未來改善計劃、行銷計劃或決策參考。
92 黃汝棋	考慮文件資訊價值之快取置換策略	本研究建構了一個考慮文件（資訊）價值的快取置換機制。此機制考慮四個參數：（1）文件上次擷取時間，（2）文件擷取次數，（3）文件大小，以及（4）文件的主觀資訊價值以決定文件置換之優先順序。並應用網路採礦的技術，分析使用者的瀏覽路徑以求得各網頁與目標網頁的關聯強度。 如此一來，會有消費行為的瀏覽者所常存取的文件，便能留在快取之中，也就是能提高快取對網站消費者的服務品質。
92 羅元禧	關聯規則在 Web Mining 的應用研究	探討如何利用資料採礦的的方法與技術，如：關聯規則（association rule）其主要是找出資料庫某些資料項目間彼此的關聯性。利用關聯式規則分析網站的登錄資料，分析之結果配合網站之架構使網站更符合使用者需求。我們利用台北大學企業管理學系伺服器的網站日誌檔，透過三種關聯規則方式來分析眾多使用者的瀏覽資訊，以提供顧客導向的服務、提供其所需的資訊；並可據此將網頁做適當的歸類，有助於網站架

		構的設計。
91 蘇育民	意圖行為於網路瀏覽習慣採礦之探索	本研究以網路交易採礦（Web Transaction Mining,WTM）與模糊網路採礦（Fuzzy, Web Mining Algorithm, FWMA）兩種網路採礦演算法為例說明與探討。本研究並已一虛擬之交易網站，模擬並蒐集瀏覽者行為，進行上述演算法之實驗，並以實驗結果討論在實務上之應用之可能性。
91 丁一賢	運用網頁採礦為基礎的個人化技術於網路廣告之探討	在本研究中提出三個擷取使用者興趣程度的建議計算方法。並利用叢聚的方法來採礦使用者的使用模型，且將每一個使用者分類至相關的叢聚，以傳遞適合其興趣的網路廣告。本研究也發展了此模式的雛型系統並利用實際的使用者日誌資料進行實驗與測試，最後透過對結果的審視，評估與討論本研究所提出的使用者興趣程度萃取方法。
91 陳俊廷	網路電子報瀏覽行為之研究	本研究提出具使用者行為分析之網站經營架構，以客戶關係管理為主軸，行銷為導向，利用資料倉儲與資料採礦技術，建構整合性研究平台，使系統可依據蒐集的使用者的相關記錄，預測使用者的偏好與習性，並利用電子報及網頁來提供使用者個人化的相關資訊，透過系統機制的運作，以回饋之資料來修正系統對於個人需求預測之準確度，提供更便利的服務，透過個人化服務來提升顧客滿意度。在管理者部分則提供線上即時分析系統，能清楚地瞭解電子報發行狀況，與使用者的偏好，而調整行銷策略與經營方針。
90 林佩璇	入口網站會員特性模式之分	本研究乃是利用資料倉儲等相關技術，期望能達到網路市場區隔之目的，

	析與行銷策略之制訂—以國內某入口網站為例	進而提供行銷相關之建議。因此,研究中定義了入口網站之會員特性分析模式,從中發掘出會員特性模式之分析結果,再配合入口網站功能階段分類表的服務內容,與研究中所訂之行銷模式,修改並制訂最後行銷策略上之參考建議。目前國內在資料採礦上之相關研究,乃以金融、銀行、保險等領的應用較多,對於入口網站此領域的應用尚無相關研究出現。
90 楊煜愷	以完全項目集合演算法採礦與分析使用者瀏覽行為	在進行採礦的過程中導入了「變動門檻值」與「傾向」的計算方式,提出改良式的演算法 NCC（Next Candidated Closed）來改善使用者瀏覽序列中有重覆的網頁項目出現、瀏覽序列的起點均設定為相同的起點、以及網站架構對使用者瀏覽的影響的情形。
90 何昶毅	以網頁採礦技術提供一對一個人化服務	本研究利用資料採礦方式中的關聯法則為出發,應用改良的強關聯法則,加上修改過的適當條件,透過以實做的方式,建立一個模型,在網站中採礦使用者的使用模式,而根據使用者的模式提供使用者專屬的個人化動態網頁,產生的結果是動態的而且是個別的,會隨使用者使用習慣而改變,也是一對一的個人化服務之一,提供使用者易於使用的介面,縮短使用者在龐大的資訊當中搜尋自身所需資訊的時間及成本,進一步提高使用者再使用的意願。
90 鄭旭峰	運用資料採礦技術於個人化網路廣告系統之建置	以網路橫幅廣告為系統設計對象,提出一個個人化網路廣告系統,利用資料採礦技術來分析瀏覽者的瀏覽紀錄並配合瀏覽者的人口特性,萃取出瀏覽者的興趣偏好,以呈現瀏覽者感興趣的,個

		人化廣告資訊，達到更精準的目標廣告效果與提昇正面的瀏覽經驗。本系統所利用的是資料採礦中決策樹（Decision Tree）技術與關聯法則（Association Rule）技術，並加上分析網路使用者過去曾瀏覽過的廣告紀錄為基礎的 General 技術，共三種個人化技術。
90 周錚瑋	擷取使用者最有興趣的關聯式法則－以資管系學生成績資料分析為例	本篇文章是以客觀、主觀的方法來找出資料的關聯性。使用 Kuok（1998）的客觀方式，將顯著有興趣的規則篩選出來，主觀的部份利用 Liu（1999）在 DM-II（data mining - integration and interestingness）系統中，所提出的比對（match）觀念，將使用者定義的規則與資料庫內所找到的規則互相比對，找出在預期內及預期外等不同興趣程度的規則。我們亦將此模型套用於本校資管系學生成績資料檔來判斷先修科目間的關係，以客觀和主觀方式交叉查詢。

資料來源：本研究整理

七、小結

　　上述整理是關於網路採礦相關研究，從當中我們發現網路採礦的確是這幾年來越來越受到大家重視的領域，主要是網際網路近年來的快速發展導致網路上存有大量瀏覽者資料，因此需要一種精確又有效的分析方法。在以上網路採礦的相關研究網站內容採掘的研究，多是朝向網站內容的正確性及演算法效能改善的方面；

　　而針對消費者行所採用研究方法以關聯分析，分析商品之關聯性、消費者的興趣與偏好（也就是針對使用者的使用行為與特徵進行採掘發現）。

　　本研究將利用觀光局政府網站伺服器的網站日誌檔，並擷取觀光局網站上相關旅遊景點網頁，以透過關聯規則方式來分析眾多使用者的瀏覽資訊，期望發現瀏覽者行為與偏好，以提供顧客導向的服務、提供其所需的資訊。

第三節　觀光資源分類

　　本研究雖然是進行觀光局資訊網站的相關分析，但主要仍是針對此網路上虛擬的旅遊市場進行瞭解；故對旅遊市場供給面據點之特性進行相關探討，研擬據點歸類方式，以作為市場供給面分析之基礎。

一、觀光資源定義與分類

　　就觀光活動與遊憩活動而言，通常遊憩資源與觀光對象不易明確劃分。薛明敏（1981）言觀光資源包括：1.自然資源----如風景資源、天象資源、動植物資源、地質地形資源等。2.人文資源----如史蹟、城市、庭園、建築等有形資源。在遊憩資源方面，曹正（1979）指具有景觀上、科學上、自然生態上及文化上等價值之資源稱之為遊憩資源；林晏州（1984）於「遊憩者選擇遊憩區行為之研究」一文中對遊憩之定義則為：1.遊憩乃是一種目標導向之行為，其目的在於

滿足個人實質、社會及心理之需求;2.遊憩參與發生於無義務時間或所謂休閒時間;3.遊憩活動必須由個人自由選擇;4.遊憩乃為一種活動或為一種體驗。

　　而觀光業必須以充分的資源作為條件,隨著自然景觀及人文環境的差異,構成該旅遊據點的特色,如何對旅遊據點做分類,各家說法不一。經建會將供給面的分析依資源之地理環境特徵及資源獨特性為分類基準,將遊憩資源劃分為十二類:海岸、湖泊、溪谷河流、森林、草原、特殊景觀、山岳、人類考古遺址、人為戶外遊憩區、古蹟建築、田園風光及其他。交通部觀光局(1985)於「風景特定區評鑑標準研究」報告中,有鑑於風景特定區因資源型態與特色之不同,無法相互比較,因此特將台灣中區觀光遊憩資源劃分為海岸型、湖泊型、山岳型等。台灣省旅遊局(1988)研擬的「全省觀光旅遊系統之研究」其依資源類型分為:瀑布溪谷、湖埤水庫、沙灘浴場、林場、牧場、農場、公園及遊樂場、溫泉、名剎古蹟及其他。經建會(1989)以 18 個生活圈探討各生活圈遊憩人口之特性及其行為(需求面),與各生活圈遊憩設施類型使用狀態(供給),並提出各生活圈遊憩活動的地區差異(特性)。並將戶外遊憩設施所屬類型歸納為(1)都市公園型(2)風景區型(3)海水浴場型(4)人為遊樂型(5)名勝古蹟(6)森林遊樂型(7)山岳(8)國家公園(9)寺廟(10)人工建築等;台灣地區觀光遊憩系統開發計畫(王鴻凱,1992)依各類資源的基礎資源分類、活動特性及管理特性,將遊憩資源分類自然資源與人文資源;臺大都研室的資源分類依資源特性為分類基準 1.自然資源:海洋

遊憩資源、陸地遊憩資源 2.人文資源：工程及建築景觀資源、田園景觀資源、遊樂設施資源、歷史文化資源；交通部觀光局出版的統計年報中，則是將旅遊地區區分為文化古蹟型、遊樂園型、山岳型、湖泊型及海岸型五大類。

　　由上得知國內的分類系統，一般而言都將分為自然資源、人文資源後，再依地區之特性研擬細項，細項則針對不同研究區的資源特性擬定（如表 2-3-1）。

表 2-3-1、觀光資源分類

研究者	分類內容
經建會（台灣地區觀光遊憩系統之研究，1983）	依資源之地理環境特徵及資源獨特性為分類基準 自然資源：海岸，湖泊，溪谷、河流，森林，草原，特殊景觀，山岳，其他（野生動植物、河口沙洲……） 人文資源：人類考古遺址，人為戶外遊憩區，古蹟、建築，田園風光。
台大都計室（1984）	依資源特性為分類基準 1.自然資源：海洋遊憩資源、陸地遊憩資源 2.人文資源：工程及建築景觀資源、田園景觀資源、遊樂設施資源、歷史文化資源
台灣地區戶外遊憩資源利用課題與對策之研究（1990）	自然資源：湖泊、水庫，溪谷、河流，森林，草原，溫泉、冷泉，海岸及海域，山岳，特殊自然景觀（地質地形景觀、日出雲海等自然景觀），動、植物生態；人文資源：古蹟、遺址、歷史景觀地區及建築，宗教寺廟，民俗文化，動植物園、水族館，田園景觀與田園景致，人為戶外遊憩設

	施，產業特色，特殊運動項目，文物展示（博物館、陳列館……）
台灣省旅遊局（1988）	瀑布溪谷、湖埤水庫、沙灘浴場、林場、牧場、農場、公園及遊樂場、溫泉、名剎古蹟及其他
台灣地區觀光遊憩系統開發計畫（1992）	自然資源：自然遊憩資源（湖泊、埤潭，水庫、水壩，溪流、瀑布，特殊地理景觀，森林，農牧場，國家公園，海岸，溫泉） 人文資源：人文遊憩資源（歷史建築、民俗、文教設施、聚落）、產業遊憩資源（休閒農業、休閒礦業、漁業養殖、地方特產、其他產業）、遊樂設施與活動（遊樂園、高爾夫球、海水浴場、遊艇港、遊樂活動）、服務體系（住宿、交通）
觀光局觀光統計年報（2001）	文化古蹟型、遊樂園型、山岳型、湖泊型及海岸型五大類。

本研究整理自　馬惠玲（2003）。台灣地區國內旅遊市場區隔變數之研究。逢甲大學建築及都市計畫研究所碩士論文，台中。

二、影響遊憩參與因素

　　旅遊在時間和空間中發生，旅遊既可用時間來量度，也可用距離來量度（楊勝博，1999）。經建會住宅及都市發展處（1991）「台灣戶外遊憩政策之研究」指出休閒時間有若干型態：（1）每日工作和生活必須時間以外之餘暇；（2）一般性的星期假日和國定假日除掉生活必須時間；（3）時間較長的休假除掉生活必須時間。而休閒時間型態不同，旅遊活動的延續時間、活動類型、區位、所利用的資源類型均會受影響，其關係如表 2-3-2，休閒時間型態與遊憩活動類

型及資源類型之關係所示，顯見民眾在日常休閒時間所利用的資源與長期休假所利用的資源有很大的不同。而 Gunn（1988）認為具有旅客從家出發到訪觀光目的地的行為模型主要是多樣的，在地理上適當鄰近時共同產生多樣化的吸引力，不同類型所停留時間亦不一，分為短時間停留欲長時間停留（如表 2-3-3）。

表 2-3-2、休閒時間類型與遊憩活動類型及資源之關係

休閒時間類型		活動期間	生活圈	資源類型
數小時	日常休閒時間	日常	日常生活圈	社區型運動及遊憩區域
一天	週末、例假日	當天來回	區域生活圈	都會型與區域性遊憩
週末		住宿一~二日		區域性遊憩+住宿
數天長週末	休假、退休生活	住宿二日以上	全國生活圈	休憩地區

表 2-3-3 觀光據點停留時間分類

	短停留時間	長停留時間	
區域型	景觀道路區	休閒度假村	休憩地區
	自然地區	登山露營區	
	歷史古蹟／遺址	度假住宅區	
	小吃特產店	離島地區	
	寺廟	觀光牧場	
	動物園	會議中心	

　　觀光遊憩參與的影響因素在探討遊客參與觀光遊憩的影響因素時，許多學者雖有不同的描述，但大體而言，主要相異處在於歸納分類上的不同而已。 Rodgers（1977）曾指出年齡、性別、社會階層、教養和收入等項目是決定參與休閒遊憩活動的主要因素。Kelly（1983）認為影響休閒遊憩參與型式的因素可分成文化和歷史因素（種族、科技的改變、互動的型式等）、社會因素、社會狀況因素（教育、家庭生命週期、職業、收入等）以及機會因素（個人資源、地理限制、可及性、空間及距離）等大類。Mayo & Jarvis（蔡麗伶譯，1990）將主要影響旅遊之因素分為內在心理因素與外在社會因素，其認為一個人的旅遊和休閒行為往往受從事活動的時間及可支配之所得所影響，而且前者的影響並不亞於後者。Chubb（1981）則將影響休閒參與之因素區分為外在影響因素及個人影響因素兩類。其中，外在影響因素包含了外在經濟因素、人口因素、社會結構、社會態度、犯罪與破壞公物之情形、都市的混亂與戰爭、資源變化、運輸發展衝擊、目前運輸方式等九項因子，至於在個人影響方面，則涵蓋了個性、知識與技能（知識和時間、資源和衝擊）、性別、年齡與生活週期、居住的地區、職業、個人收入及分配、可利用之休閒時間（工作型態、社會責任）等十三個因子。

　　曹勝雄（2001）有關旅遊消費者的調查，大都偏重於人口統計變數方面的調查，將觀光客以年齡、性別、教育程度、所得、職業、居住地等變數加以分類；這樣的研究調查雖然可以得到某種程度的結論，例如：高所得者所從事的大多屬於高消費的觀光旅遊活動，而低所得者可能從事的活動則花

費較少。年輕人較常從事活動力強、挑戰性高、較刺激的活動，年紀較長者則從事休閒、純欣賞風景的旅遊。

　　而目前交通部觀光局為瞭解國人出國旅遊動向、行為特性、消費者支出與滿意程度，定期進行國人出國旅遊消費及動向調查，以提供國內外相關單位研擬推廣與行銷策略之參考。在調查的研究中，使用的區隔變數是人口統計變數，如性別、年齡、教育程度、職業、月所得、婚姻狀況、居住地作為分析項目；再以行為特性變數，如出國目的、目的地、地區市場、停留期間、一年出國次數、旅行方式、住宿、同行者、行前考慮因素、不在國內旅遊原因、旅遊資訊來源、選擇旅行社原因、出境方式、搭乘交通工具等旅遊行為變數，以上述人口統計變數及旅遊行為變數作為國人出國旅遊消費及動向調查的區隔變數。

　　而觀看台灣觀光資訊入口網站我們試著找出相關變數，如下表 2-3-4。

表 2-3-4、台灣觀光資訊入口網站相關變數

變數名稱	資料類別
旅遊天數	一天
	兩天
	三天
	四天以上
	不分日期
點選時機	國定假日
	週末、星期日
	平日
旅遊目的	美食之旅
	文化之旅
	溫泉之旅

	冒險之旅
	離島之旅
	生態之旅
	鐵道之旅
	會議展覽
	原住民之旅
	都會類型
	國家風景區、公園
	主題遊樂園
選擇地點、居住地點	北部
	中部
	南部
	東部
	外島
	不分區
職業	公家單位（ORG）、學術（EDU）、公司行號（COM）
搭乘交通工具	飛機、出租汽車、公共運輸
住宿種類	國際觀光旅館、一般觀光旅館一般旅館、民宿

三、小結

　　觀光局網站為一個虛擬的旅遊市場，觀察出這些變數後，我們可以透過分析，探討瀏覽者進入觀光網站的相關行為，讓觀光局可以更掌握旅遊需求與習性，讓觀光局能透過這些行為模式與資訊來設計行銷活動，以達到以下目的，一、將瀏覽者轉為實際旅遊者、二、將單次瀏覽者轉為重複瀏覽者、三、調整網頁結構以達到實際旅遊人數的最大化。

第三章　研究方法

第一節　調查方法及抽樣之擇定

　　本章是針對前述之研究動機與目的及相關文獻探討後，提出本研究方法，並與中華民國政府觀光局入口網站合作，將既有的網站瀏覽行為資料，實際導入資料採礦的流程，發掘消費者隱藏且有用的資訊，以幫助我國觀光局作行銷決策。

　　本研究之網站記錄檔案的資料由中華電信所提供；中華電信為「觀光資訊入口網站」整體架構製作、維護設計的公司，因此具有網站系統管理者（Administrator）之身分，本研究得到的 LOG 檔案正確性也不容置疑。本研究取得 2004 年 2 月 1 日到 2004 年 4 月 30 日 IIS 格式的 LOG 檔案；其資料容量約有 20G，每一天的的檔案在不壓縮的情況下介於 130MB 至 200MB 之間且一天約有十萬筆資料。

　　由於資料過於龐大，並運用 PERL 程式語言，將不屬於旅遊相關的欄位資料篩除，僅留下觀光局網站上第一層與第二層的旅遊景點位置，共擷取一百四十八個 URL 欄位的瀏覽資料，其檔案每天約一千筆資料，三個月合計有 121,864 筆資料。

　　網站日誌是記錄每位使用者瀏覽網站的狀況，不同使用

者的記錄都儲存在同一個網站日誌中，不過，由於使用者的
瀏覽器快取，會造成日誌內容的不完整，要如何完成日誌採
礦的工作，除了採礦演算法的建立外，採礦前的資料準備工
作也是非常重要，包括：

一、資料清除：

　　資料清除對於採礦是一件重要的流程。日誌記錄檔內所
存的資料，是使用者瀏覽該網站的過程記錄，包括網頁圖檔
的存取、檔案元件的存取、網頁的存取、不同檔案格式的下
載和存取，日誌記錄檔內同時包括使用者對該網站網頁之成
功存取及錯誤存取，諸如此類的日誌記錄，並非所有的資料
都具備採礦的意義，若沒有事前的清除，多餘的日誌記錄資
料會對採礦程序造成嚴重增加採礦的時間，徒增不必要的型
樣產生，造成採礦結果的精準度不夠的影響：
　　觀本研究去除不要的資料（如刪除圖檔、文件的存取、
刪除錯誤的存取等。）只留下三個欄位資料：IP、時間、選
取之 URL 欄位資料（參閱表 3-1-1）。

表 3-1-1、欄位名稱

欄位名稱	欄位描述
使用者的來源	此以一國家為單位作特性探討，無法利用網路位址直接獲取所有使用者的真正位置，但仍可推敲出部分區域，再配合郵件帳號的網域名稱做交叉比對與進一步的確認，達成蒐集使用者的地域資料目的。
時間	月、日、時間
點取 URL	瀏覽的習性，將保留的.asp、.htm 檔案型態記錄，作為不同欄位定義，探討其消費者偏好。

二、使用者識別：

網站日誌的記錄，是依照使用者訪問網站的日期及時間，依其來源 IP 及使用者端代理程式，再加上瀏覽網頁狀況等資訊而依序寫入網站所指定的檔案內。

一般而言，日誌檔是屬於 csv 格式的本文檔，因此，記錄的寫入是依循序模式，這對可提供網際網路同時多人存取的網站而言，日誌檔的內容是依時間入，所以在同一時間區段內，可能存在不同使用者的日誌記錄，也就是日誌記錄是以交錯方式寫入，造成無法直覺地區分出不同的使用者。因此本研究將同一個 IP 來源視為一相同使用者，並 GROUP BY 成為一個使用者，本研究設定若兩筆記錄是不屬於同一個位址，或是時間間隔

超過了 30 分鐘就將其設定為不同的序列。並且將同一序列中相鄰讀取同一檔案事件的記錄視為同一個記錄，找出相同 IP，以及使用者路徑。

三、資料過濾：

僅留下附錄一欄位對照表中的資訊 URL。

四、型樣路徑完整化：

路徑亦是將同一個 IP 來源者所點選的 URL 路徑記錄，排列，並將有重複的路徑，視為一個如 AIP 點了 1 >2>4>3>4>2 路徑則把它視為 A IP 1>2>4>3。依照上述的步

驟，可以將原本無整體意義，並且交錯儲存的日誌檔記錄整理成序列型樣採礦引擎所能接受的型樣格式（表 3-1-2）。

五、資料的轉換：

針對於整合過的資料，依據不同的分析工具而轉換成不同的資料格式。而本研究試著使用 SPSS 套裝軟體作後續的分析，因此將資料轉成 EXCEL 格式，再匯入 SPSS 分析（參閱圖 3-1-1）。

表 3-1-2：路徑範例

NO.	IP	時間	URL		
1.	140.128.9.91	3:30	http://www.taiwan.net.tw/lan/Cht/travel_tour/journey_content.asp?journey_id=62	http://www.taiwan.net.tw/lan/Cht/travel_tour/journey_content.asp?journey_id=39	http://www.taiwan.net.tw/lan/Cht/travel_tour/journey_content.asp?journey_id=199

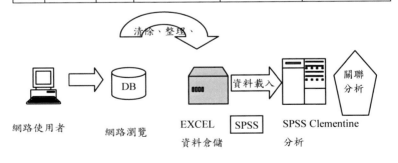

圖 3-1-1　資料轉化流程圖

　　資料轉化過程是將收集資料中的"時間欄位"，再細分為四個欄位，分別為月份（2~4）、日期（1~31）、星期幾（1~7）、時間（1~24）；"IP 欄位"再細分為三個欄位，分別為 IP 號碼、IP 型態（0=N/A,1=edu,2=com,3=org,4=net,5=gov）、IP 城市（台北市=1、基隆市=2、台北縣=3、宜蘭縣=4、新竹縣市=5、桃園縣=6、苗栗縣=7、台中縣市=8、彰化縣=9、南投縣市=10、嘉義縣市=11、雲林縣=12、台南縣=13、高雄市=14、高雄縣=15、澎湖縣=16、屏東縣=17、台東縣=18、花蓮縣=19、金門縣=20、連江縣=21、N/A=0。）

　　URL 維度共 148 個（如附錄一）依照每個人點選的 URL 作勾選，若有= 1,無=0，一一作記號，並將格式導入 EXCEL 資料庫中，以方便使用 SPSS 統計（表 3-1-3）。

　　由於到此步驟皆需要寫程式導入資料庫內，後續才開始進入分析的步驟，此資料清除整理過程占據了所有研究過程時間的七成左右，瑣碎且需要運用到程式專業人力。

表 3-1-3　URL 導入範例

	時間維度				IP 維度			URL 維度共158個 （有=1,無=0）……	
ID	Month （1~5）	Date （1~31）	WEEK （1,2,3,4,5,6,7）	TIME （1~24）	IP NO.	IP type （0=N/A,1=edu,2=com,3=org,4=net,5=gov）	IP city	美食之旅	文化之旅
1	5	27	3	14	140.128.9.91	1	8	1	0

第二節　研究架構

　　一個資料倉儲的資料是由事實資料與緯度資料所組成，事實資料是能反應過去事實的資料，而緯度資料是為了使查詢更佳方便而建立的索引參考資料（沈照陽，2002）。

　　就適用以觀光局提供之 Log 資料，倉儲的資料架構而言，將是以事實資料表為中心，而緯度資料表則是位於四周，成一個星狀架構，參閱圖（圖 3-2-1）。

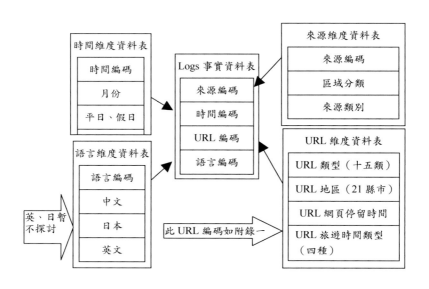

圖 3-2-1　資料倉儲架構圖

有了以上三個維度（時間、來源、URL）將可以這樣的架構去分析觀光資訊入口網站上現有的相關資訊，將網站上的旅遊資訊加以編碼，與觀光特性配合，找出的規則。而為了讓URL 維度為求方便及易懂，將此編碼為三種（A 代表 URL 類型、B 表 URL 區域、C 表 URL 停留時間）如下介紹：

一、觀光類型編碼

　　將觀光局網站的旅遊類型做分類編碼，其中包含了建議行程中的美食之旅、文化之旅、溫泉之旅、冒險之旅、離島之旅、生態之旅、鐵道之旅以及首頁所呈現的會議展覽、原住民之旅、都會類型、國家風景區及公園熱門景點等分類，共計十一種類型（參閱表 3-2-1）。

表 3-2-1　旅遊類型編碼

旅遊類型	編碼
美食之旅	A01
文化之旅	A02
溫泉之旅	A03
冒險之旅	A04
離島之旅	A05
生態之旅	A06
鐵道之旅	A07
會議展覽	A08
原住民之旅	A09
都會類型	A10
國家風景區、公園	A11
主題遊樂園	A12
交通	A13
住宿	A14
購物	A15

二、台灣地區編碼

　　將觀光局網站依台灣的縣市地點分區共分為台北市、基隆市、台北縣、宜蘭縣、新竹縣市、桃園縣、苗栗縣、台中縣市、彰化縣、南投縣市、嘉義縣市、雲林縣、台南縣市、高雄市、高雄縣、澎湖縣、屏東縣、台東縣、花蓮縣、金門縣、連江縣、共計 21 各縣市（參閱表 3-2-2）。

表 3-2-2　地區編碼

地區	縣市地區	代號
北部	台北市	B01
	基隆市	B02
	台北縣	B03
	宜蘭縣	B04
	新竹縣市	B05
	桃園縣	B06
中部	苗栗縣	B07
	台中縣市	B08
	彰化縣	B09
	南投縣市	B10
雲、嘉、南部	嘉義縣市	B11
	雲林縣	B12
	台南縣市	B13
	高雄市	B14
	高雄縣	B15
	屏東縣	B16
花東	台東縣	B17
	花蓮縣	B18
外島	澎湖	B19
	金門縣	B20
	連江縣	B21
	不分區	B00

三、網址停留時間編碼

　　將觀光局網站依呈現時間分為單一據點、一日遊套裝行程建議、二日遊套裝行程建議、三日套裝行程建議、四日以上行程（參閱表 3-2-3）。

表 3-2-3　停留時間編碼

行程停留時間	代號
不分日期	C0
一日遊套裝行程建議	C1
二日遊套裝行程建議	C2
三日套裝行程建議	C3
四日以上行程	C4

　　由以上的觀光特性編碼分類後，並將探討的一百四十八個 URL 位置作編碼，以便查詢分析；（編碼後之欄位表如附錄一）。

　　對於本研究目的：一、針對主要的瀏覽者作瀏覽行為分析、二、針對時間作瀏覽者行為分析、三、針對主要產品 URL 之位置作瀏覽分析，提出以下研究架構（圖 3-2-2）。

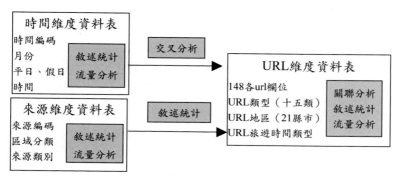

圖 3-2-2　研究架構圖

第三節　研究問題與假設

一、透過程式分析探討問題如下：

1. 網頁被讀取的次數；
2. 使用者來訪次數；
   人數統計分析部分：每月的瀏覽人數、每月、每天的造訪次數、
3. 使用者來訪停留時間；
   一天當中各時段造訪情況
4. 一日內各時段及一週內各日使用情形；
   週末前後點網頁內容之差別
5. 來源網域作一整理分析；
   針對每一個 ip 類型作瀏覽分析，哪個型態的 ip 選率最高、那個最低。
6. 最常被瀏覽的網頁排行；

　　可以推測最受歡迎的網頁；從進入網站的進入點與離開網站的離開點，可以推測出曝光率最高的網頁與迫使使用者離開的網頁。

二、透過 data mining 觀念，所探討的問題如下：

1、對時間階層關係，作瀏覽模式分析

　　依據休閒時間類型與遊憩活動類型及資源之關係可知，旅遊人的時間不同有不同的旅遊需求，由經建會（1991）

提出休閒時間型態的不同，進而指出休閒活動範圍的差異。
劃分結果如下（表 3-3-1）：

表 3-3-1　休閒時間類型與遊憩活動類型及資源之關係

休閒時間類型		活動期間	生活圈	資源類型
數小時	日常休閒時間	日常	日常生活圈	社區型運動及遊憩區域
一天	週末、例假日	當天來回	區域生活圈	都會型與區域性遊憩
週末		住宿一～二日		區域性遊憩＋住宿
數天長週末	休假、退休生活	住宿二日以上	全國生活圈	休憩地區

若依照 Gunn1988 停留時間長短分類標準的觀光據點類型（參閱表 3-3-2）

表 3-3-2　觀光據點停留時間分類

	短停留時間	長停留時間	
區域型	景觀道路區	休閒度假村	休憩地區
	自然地區	登山露營區	
	歷史古蹟／遺址	度假住宅區	
	小吃特產店	離島地區	
	寺廟	觀光牧場	
	動物園	會議中心	

可得知旅遊有休閒時間與觀光據點停留時間的觀念，固
將觀光局入口網站有關旅遊時間之行程編碼，編為不分日

期、一日遊套裝行程建議、二日遊套裝行程建議、三日套裝行程建議、四日以上行程（參閱表 3-3-3）：

表 3-3-3　停留時間編碼

行程停留時間	代號
不分日期	C00
一日遊套裝行程建議	C01
二日遊套裝行程建議	C02
三日套裝行程建議	C03
四日以上行程	C04

『研究假設一、不同類型的旅遊型態及點選時間有顯著差異』

<操作方向式>：透過卡方檢定，探討一百四十八個 URL 旅遊型態，與點選時間是否有差異，篩選出有顯著差異的類型探討。

※假設：一天、兩天行程的欄位，點選時機多接近週末假期，且以區域性的活動都會生活類型最多。（以有點選「台北都會旅遊」型態為例）

※假設：長停留時間的旅遊型態，點選時機可能為週一、週二，且以休憩地區活動類型最多（如：休閒度假村、如登山露營、觀光牧場、會議中心、離島地區、環島五日遊等（Gunn，1988）。）

2、探討不同族群之關聯分析

　　過去有關旅遊消費者的調查，大都偏重於人口統計變數方面的調查，將觀光客以年齡、性別、教育程度、所得、職業、居住地等變數加以分類；這樣的研究調查可以得到某種

程度的結論，例如：高所得者所從事的大多屬於高消費的觀光旅遊活動，而低所得者可能從事的活動則花費較少。年輕人較常從事活動力強、挑戰性高、較刺激的活動，年紀較長者則從事休閒、純欣賞風景的旅遊。

　　由於我們無法直接看出觀光局網站中遊客的社經背景，所以我們採取五個較具明顯社經背景之旅遊型態探討。依照研究者定義為假設主題樂園的瀏覽者，多為活力的年輕族群、故宮的瀏覽者多為知性且教育程度較高的人、秀姑巒溪泛舟的瀏覽者多為追求刺激的的學生群、會議展覽的瀏覽者多為商務人士、點選航空與國際觀光旅館的瀏覽者多為高消費的人，並分別探討這些族群的關聯分析。

「研究假設二、主題遊樂園活力型感興趣之景點類型」

　　以觀光局網頁上之主題遊樂園（A12B00C0）為例，找出點選相關之 URL。

「研究假設三、求知性型者感興趣的旅遊類型」

　　以觀光局網頁上之故宮博物院（A02B01C0）為例，找出點選相關之 URL。

「研究假設四、冒險有活力者感興趣的旅遊類型」

　　以觀光局網頁上花蓮秀姑巒溪泛舟為例，找出點選相關之 URL。

「研究假設五、商務旅遊者感興趣之景點類型」

　　以觀光局網頁上之會議展覽（A08）為例，找出相關之 URL。

「研究假設六、較高消費族群感興趣之景點類型」

　　網頁上住宿為國際觀光旅館、交通工具為飛機者是較昂貴的消費族群。「住宿」網頁上住宿相關資訊有國際觀光旅館、一般觀光旅館、一般旅館、民宿青年會館，然而由不同消費之旅館型態，配合著點選的相關路徑，可以得知

　　以觀光局網頁上的「國際觀光旅館」（A14B00C0）且「航空」為例，找出相關之 URL。

【進一步比較不同地理位置在瀏覽的差異性】

「研究假設七、不同縣市對於高消費的喜好之來源地為何」

第四節　研究工具

　　本研究在此使用的分析軟體為"WEB TREND 公司"所發行的"LOG ANALYZER"，該軟體能提供各項目之統計圖表，如存取資源、用戶端主機和網域、進站網頁、離站網頁、資源存取的順序等，將 LOG 檔案載入此軟體分析後，可以將分析結果組合成具有較高可讀性的表格與報告。

　　除此之外，本研究也使用了 PERL 程式語言，開發應用程式將原始純文字資料轉化成資料庫格式，因為由中華電信公司提供的原始資料，是從系統上未經篩選整理過的文字檔案，每天的 LOG DATA 約有十萬筆資料，且 LOG 的欄位本研究只需三欄，即時間、IP 來源、點選之 URL，故透過開發的程式將此資料篩選過濾。接著將資料匯入 EXCEL 的資料庫中，並繼續刪掉完全沒有點選其中一四八個 URL 的瀏

覽者，最後將此三個月資料整合。而 Data Mining 應用程式，採用 SPSS Clementine，其可接受資料 Input 格式有 ODBC（Open Database Connectivity）、SPSS、Variable File Node、Fixed File Node。我們採用了 SPSS 作為我們 Input 的格式，由於我們有利用到 SPSS 統計軟體中，敘述統計及交叉分析等，因此此轉型的功能可協助我們更快整理為我們所需的資料。最後並利用 SPSS Clementine 應用軟體作關聯分析等。

表 3-4-1　研究工具

步驟	方法	用途
清除、整理、轉化	PERL 程式語言	將純文字檔之 logs file 轉成以 點分隔資料（Csv）
資料庫、清除、整合	Excel 資料庫	僅留下有點選一百四十八個 URL 的瀏覽者
實作	WEB TREND	將所有 logs file 輸入之作流量分析。
	SPSS	卡方分析、檢定星期與 URL
	SPSS Clementine	關聯分析、探討各旅遊景點偏好

第四章 網路記錄檔案分析與發現

　　進行網站工作紀錄分析時，由於提供的資訊相當龐雜，本研究經過整理將主題分成二個部分，探討使用者對於「台灣觀光資訊入口網站」的使用情況。概述如下：

　　一、人數統計分析：對於使用者之 Page view[1]次數、每天造訪次數、各時段造訪情況、使用者停留情形作一整理分析。

　　二、網頁瀏覽分析：針對網頁瀏覽排行旅遊類別、天數、型態進行分析。

第一節　瀏覽行為分析

　　表 4-1-1 顯示 2004 年 2 月 1 日到 2004 年 4 月 30 日之「觀光資訊入口網站」人數計表。從表 4-1-1 中可得知在 2004 年 2 月份至 93 年 4 月份這段期間的人瀏覽人數與瀏覽頁數有漸漸成長的趨勢，瀏覽人數分別為 342,292、409,635、406,447 人次；三個月之每天平均的瀏覽人數有 11,803、13,214、13,548 人次；瀏覽頁數為 1,258,612、1,201,680、1,438,966 頁，平均每人瀏覽頁數約 4 頁。

---

[1]　Page views：點選指定的網頁，此處網頁包括任何的文件（靜態網頁）、動態網頁及 form。

表 4-1-1　二、三、四月之瀏覽人數

	二月	三月	四月
瀏覽人數	342,292	409,635	406,447
平均每日瀏覽人數	11,803	13,214	13,548
瀏覽頁數	1,258,612	1,201,680	1,438,966
瀏覽人數成長幅度	+20%	-0.007%	

一、每個月份上站造訪次數消長情形

　　以下為 2004 年 2 月 1 日到 93 年 4 月 30 日每個月份上站造訪次數消長情與使用者一週使用之變化情形。從三個月份長條圖可以看出造訪次數呈現週期性的變化，其中假日（星期六、日）平均使用量與工作日相比之下減少許多，其中又以週六平均用量最低，三個月的造訪次數呈波浪狀，最高造訪時段為 93 年 4 月 12 日有 20,662 人次的拜訪最多，最低也在 4 月（93 年 4 月 3 日），只有 5,188 人次的拜訪；觀光有觀光特性，如時間性、季節性、區域性、等。由於四月有一週的春假，因此與其它月份比起來屬於特殊的現象（表 4-1-2、圖 4-1-1~圖 4-1-7）。

（一）二月訪客整體狀況分析

　　二月訪客整體狀況分析：在平日時間平均每天參訪人數

約 12,496 人次、星期六、日參訪人數約 18,473 人次（9236 人次/天）；一週內以星期五最多人上線參訪，而星期六是最少人上線瀏覽；在 93 年 2 月 25 日有 14,995 人次的拜訪最多，相對的在 93 年 2 月 1 日，只有 6,843 人次的拜訪；一天當中曝光率最高的時段為下午三點～四點時段，最少人上網時間為清晨五點～到六點時段。

在二月有一波高峰，於 2/24~2/27 這其間之訪客數每天約多了三千多人次，而在 2004/2/28- 2004/4/11 期間內，政府有主辦全國性之 2004 宜蘭綠色博覽會、關渡花卉藝術節，推估此是增加遊客上網查詢相關資訊的因素（表 4-1-3、圖 4-1-1、圖 4-1-2）。

（二）三月訪客整體狀況分析

三月訪客整體狀況分析：三月訪客上網呈現週末、平日間明顯的差異，在平日時間平均每天參訪人數約 13,961 人次、星期六、日參訪人數約 22,132 人次（11,066 人次/天），訪客週末假日比平常日約少了兩千人；其中一週內以星期二最多人上線參訪，而星期六是最少人上線瀏覽；在 93 年 3 月 17 日有 15,586 人次的拜訪最多，相對的在 93 年 3 月 20 日，只有 10,715 人次的拜訪最少；一天當中曝光率最高的時段為下午四點～五點時段，最少人上網時間為清晨六點～到七點時段（表 4-1-4、圖 4-1-3、圖 4-1-4）。

而 2004/3/27- 2004/5/23 為 2004 苗栗國際假面藝術節，應該有很多遊客上網查詢相關資訊，但在此卻沒有上網加溫的熱潮，但在 93 年 3 月 17 日卻有 15,586 人次的高峰，推

測與 2004/3/17 - 2004/4/252004 的台中大甲媽祖國際觀光文化節相呼應。

93 年 3 月 20 日（六）為我國四年一次總統選舉之投票日，全國民眾在此日可能關注於總統大選而減少上網人次，以致於這天上觀光局網站人數最少。

（三）四月訪客整體狀況分析

四月訪客整體狀況分析：在平日時間平均每天參訪人數約 14,746 人次、星期六、日參訪人數約 20,504 人次（10,252 人次/天）；一週內以星期一最多人上線[2]參訪，而星期六是最少人上線瀏覽；在 93 年 4 月 12 日有 20,662 人次的拜訪最多，相對的在 93 年 4 月 3 日，只有 5,188 人次的拜訪最少；一天當中曝光率最高的時段為下午兩點～三點時段，最少人上網時間為清晨五點～到六點時段（表 4-1-5、圖 4-1-5、圖 4-1-6）。

93 年 4 月 3 日，只有 5,188 人次的拜訪最少也是這三個月中最少的一天，推估 93 年 4 月 3 日為星期六、接著即春假的開始，多數人會在放假之前籌備好旅行，也因此在春假的這各星期上網人數普遍比其他星期人次少（約少 3300 人次），四月有些大型節慶活動如：油桐花博覽會一西湖渡假村熱鬧登場 2004/4/17 - 2004/5/9、「2004 桃園石門活魚觀光節」系列活動 2004/4/15 - 2004/4/25、花現心樂園--2004 南

---

[2] Kbytes - Number of kilobytes of data transferred from your server to your visitors during the specified time interval.

投花卉嘉年華　2004/4/3 － 2004/5/2　等，四月為春暖花開時
期，台灣處處有花卉博覽會，政府與民間不論是宣傳上還是
內容呈現上，都有強力推廣輔導！

　　由上述圖、表，每個月每天造訪次數來看，我國觀光局
資訊入口網站的確有逐漸成長的跡象，但成長並不快速。除
了在 2 月份人數略偏低外，3 月至 4 月造訪次數逐漸成長，
其中以 93 年 4 月份的造訪次數最多；再以每個月的趨勢看
來，使用網站的人數集中於工作日，假日的使用量明顯較低。

表 4-1-2　二、三、四月網路使用者變化情形

Activity for Report Period	二月	三月	四月
Average Number of Visits per Day on Weekdays	12,496	13,961	14,746
Average Number of Hits per Day on Weekdays	975,923	966,934	1,123,640
Average Number of Visits per Weekend	18,473	22,132	20,504
Average Number of Hits per Weekend	1,383,923	1,450,412	1,342,817
Most Active Day of the Week	Fri	Tue	Mon
Least Active Day of the Week	Sat	Sat	Sat
Most visits Date	February 25, 2004	March 17, 2004	April 12, 2004
Number of visit on Most Active Date	14,995	15,586	2,0662
Least visits Date	February 1, 2004	March 20, 2004	April 03, 2004
Number of visit on Least Active Date	6,843	10,715	5,188
Most Active Hour of the Day	15:00-15:59	16:00-16:59	14:00-14:59
Least Active Hour of the Day	05:00-05:59	06:00-06:59	05:00-05:59

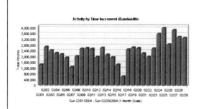

圖 4-1-1　二月上站造訪流量

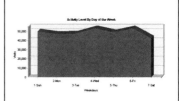

圖 4-1-2　二月使用者一週使用之變化情形

表 4-1-3　一週上站造訪狀況（二月）

Activity Level by Day of the Week

	Day	Hits	% of Total Hits	Visits
1	Mon	3,893,073	14.72%	47,066
2	Tue	3,640,855	13.77%	47,668
3	Wed	4,118,393	15.57%	53,094
4	Thu	3,733,406	14.12%	48,925
5	Fri	4,132,738	15.63%	53,173
6	Sat	3,131,187	11.84%	42,514
7	Sun	3,788,431	14.32%	49,852
Total Weekdays		19,518,465	73.82%	249,926
Total Weekend		6,919,618	26.17%	92,36

一週內以星期五最多人上線參訪，而星期六是最少人上線瀏覽；在 93 年 2 月 25 日有 14,995 人次的拜訪最多，相對的在 93 年 2 月 1 日，只有 6,843 人次的拜訪；一天當中曝光率最高的時段為下午三點～四點時段，最少人上網時間為清晨五點～到六點時段。

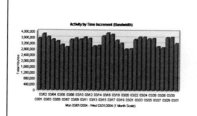

圖 4-1-3　三月上站造訪流量

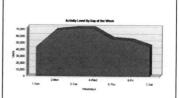

圖 4-1-4　三月使用者一週使用之
　　　　　變化情形

表 4-1-4　一週上站造訪狀況（三月）

	Day	Hits	% of Total Hits	Visits
1	Mon	4,860,274	17.33%	68,512
2	Tue	4,982,142	17.76%	71,230
3	Wed	4,915,108	17.52%	71,588
4	Thu	3,786,112	13.50%	55,953
5	Fri	3,695,868	13.18%	53,822
6	Sat	2,866,946	10.22%	44,480
7	Sun	2,934,704	10.46%	44,050
Total Weekdays		22,239,504	79.31%	321,105
Total Weekend		5,801,650	20.68%	88,530

Activity Level by Day of the Week

一週內以星期二最多人上線參訪，而星期六是最少人上線瀏覽；在 93 年 3 月 17 日有 15,586 人次的拜訪最多，相對的在 93 年 3 月 20 日，只有 10,715 人次的拜訪最少；一天當中曝光率最高的時段為下午四點～五點時段，最少人上網時間為清晨六點～到七點時段。

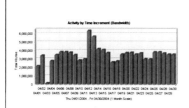

圖 4-1-5　四月上站造訪流量

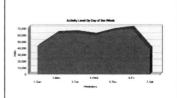

圖 4-1-6　四月使用者一週使用之變化情形

表 4-1-5　一週上站造訪狀況（四月）

Activity Level by Day of the Week

	Day	Hits	% of Total Hits	Visits
1	Mon	5,159,648	17.14%	62,875
2	Tue	5,013,457	16.66%	63,894
3	Wed	4,495,847	14.94%	60,017
4	Thu	4,905,795	16.30%	67,086
5	Fri	5,145,341	17.09%	70,558
6	Sat	2,366,262	7.86%	38,446
7	Sun	3,005,007	9.98%	43,571
Total Weekdays		24,720,088	82.15%	324,430
Total Weekend		5,371,269	17.84%	82,017

一週內以星期一最多人上線參訪，而星期六是最少人上線瀏覽；在 93 年 4 月 12 日有 20,662 人次的拜訪最多，相對的在 93 年 4 月 3 日，只有 5,188 人次的拜訪最少；一天當中曝光率最高的時段為下午兩點～三點時段，最少人上網時間為清晨五點～到六點時段。

二、使用者一天二十四小時使用之變化情形[3]

　　以下為 2004 年 2 月 1 日到 93 年 4 月 30 日每個月份上觀光局資訊入口網站使用者 1 天 24 小時使用之變化情形。從三個月份長條圖也約略看出，從早上 8 點到 11 點、下午 2 點到 5 點的參觀人數最多，為此口網站的高峰期，其中一天中使用活動最頻繁的時刻為下午 3 點到 4 點之間；第二個使用時段為晚餐結束後，是另一個次佳的時間，從晚間 7 點一路攀升，到了 11 點鐘屬於就寢時間才開始慢慢衰退，進入深夜後，使用人數則是節節敗退，直到天亮後人數才開始攀升，其中使用者活動最少的時刻為凌晨 5 點至 7 點之間（參閱圖 4-1-7、圖 4-1-8、圖 4-1-9 所示）。

　　從上述可看出觀光局網站在晚上的時段如果能夠善加運用，將可代替實體觀光的功能，民眾在晚上這段時間進入觀光資訊入口網站，從事網站的瀏覽行為，雖然上站的民眾不一定是與查詢旅遊資訊，可能使用網站其它的功能，但這段時間的使用率卻為一天的次高峰時期，政府可在網站上推出一些活動，吸引民眾注意進而使用，如各月份舉辦的節慶活動等，若能集中曝光並以更活潑的呈現將可吸引更多的潛在旅遊者。

---

3 Hours of less activity should be considered good days for maintenance and content improvement.

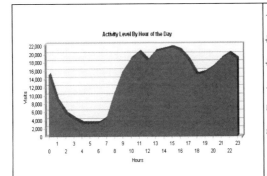

圖 4-1-7　二月使用者 1 天 24 小時使用之變化情形

一天當中曝光率最高的時段為下午三點～四點時段，最少人上網時間為清晨五點～到六點時段。在工作時段（8:00am - 5:00pm）上網的人數為 169,396 人次（50.76%）非工作時段上網的人數有 172,896 人次（49.23%）。

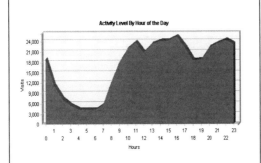

圖 4-1-8　三月使用者 1 天 24 小時使用之變化情形

一天當中曝光率最高的時段為下午四點～五點時段，最少人上網時間為清晨六點～到七點時段。在工作時段（8:00am-5:00pm）上網的人數為 194,247 人次（48.99%）非工作時段上網的人數有 215,388 人次（51%）。

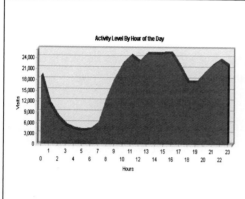

一天當中曝光率最高的時段為下午兩點～三點時段，最少人上網時間為清晨五點～到六點時段。在工作時段（8:00am - 5:00pm）上網的人數為 201,432 人次（51.39%），非工作時段上網的人數有 205,015 人次（48.6%）。

圖 4-1-9 四月使用者 1 天 24 小時使用之變化情形

三、使用者 Page views 數目分析

表 4-1-6 為描述使用者進入觀光局入口網站 Page views 數目之百分比。從表中清楚地發現 0 個 Pages views 的比例有 22%~25%，從二月份 25%到四月份的 22%明顯有漸漸改善，由於當一位使用者連上入口網站時所瀏覽的網頁，都算是一個 Page Views，之所以會產生 0 次的 Page Views，應是使用者點選非屬網頁的動態 Form 或是一上網即離開此網頁。

其餘使用者每次參觀的 Page views 數目依序為：2 個 Page views 數目平均每月佔總 Page views 數目約為 13.2%左右；3 個 Page views 數目平均每月佔總 Page views 數目也約為 8.6%左右；4 個 Page views 數目平均每月佔總 Page views 數目也約為 9.8%左右；0~4 個 Page views 數目平均每月約佔 70%；5-10 個 Page views 數目平均每月約佔 16%，而瀏覽 11 個以上之 Page views 的平均人數也有 8%左右，平均每人瀏覽頁數約四頁。

表 4-1-6　二月到四月每次參觀 page views 數目之百分比

Pages Number of Pages Viewed	二 月		三 月		四 月	
	Number of Visits	% of Total Visits	Number of Visits	% of Total Visits	Number of Visits	% of Total Visits
0 pages	85,913	25.09%	101,769	24.84%	92,728	22.83%
1 page	42,829	12.51%	53,907	13.15%	57,098	14.06%
2 pages	65,902	19.25%	82,031	20.02%	77,245	19.02%
3 pages	28,198	8.23%	34,093	8.32%	37,663	9.27%
4 pages	34,002	9.93%	40,553	9.89%	38,690	9.52%
5 pages	18,584	5.42%	21,799	5.32%	21,619	5.32%
6 pages	12,143	3.54%	13,990	3.41%	14,597	3.59%
7 pages	8,711	2.54%	9,863	2.4%	10,592	2.6%
8 pages	7,649	2.23%	8,863	2.16%	9,317	2.29%
9 pages	5,435	1.58%	5,982	1.46%	6,663	1.64%
10 pages	4,510	1.31%	5,254	1.28%	5,598	1.37%
11 or more pages	28,416	8.3%	31,531	7.69%	34,276	8.44%
Totals	342,292	100%	409,635	100%	406,086	100%

0~4 頁約佔 70%

5~10 頁約佔 16%

　　通常一個網站是否熱門都會以 Page Views 為最關鍵的衡量標準，所以通常商業網站為了提高 Page Views 的數目，往往不會在同一個網頁上放置太多東西，而是要使用者點選進入其他網頁，如此網站才能在每一個網頁上兜售廣告。以觀光局資訊入口網站設計來看，設計者在整合型入口網站的首頁上置放了非常多的資訊，優點是使用者得以一目瞭然，缺點則是會大幅降低使用者的 Page Views 數目（使用者如何在在龐大的資訊裡去尋找他想使用的資料庫，往往是需要花費相當時間，且介面上的提示也會常常讓使用者不知所措）。

　　然而觀光局的網站在四頁以內的停留者就佔了所有的70%，顯然是可以再增強版面與內容，讓使用者瀏覽更多網頁，提高使用者網站的重遊率！此也提醒我們重要的資訊要放在層級四頁內，以免瀏覽者遺漏。

　　在此也清楚地發現 0 個 Pages views 的比例有22%~25%此是指網外連結、觀光局資訊入口網站首頁有多國語言外，亦有 FLASH 動畫連結之頁面，故這 0 個 Pages views 22%~25%比例的人次，應為連結 FLASH 動畫所影響；觀光局網站用心提供了多元化的服務與呈現方式，盡可能的來滿足使用者需求。

四、使用者進入觀光局資訊入口網站停留時間

　　表 4-1-7 為觀光局資訊入口網站停留時間之 Page Views 佔總數的百分比。結果呈現兩極化的現象，使用者停留時間

在 1 分鐘以內，二到四月的 Page views 數目佔所有 Page views 的比率平均佔 28.02%；1-2 分鐘佔 7.5%、2-3 分鐘佔 4.98%、3-4 分鐘佔 4.23%、4-5 分鐘佔 3.25%、5-6 分鐘佔 2.67%。由 0-6 分鐘佔總 Page views 的 50%；然而，超過 19 分鐘的使用者的 Page views 數目佔總 Page views 比率平均為 30%；觀光局資訊入口網站，除了觀光旅遊景點查詢外，亦有需要較耗時的相關法規政策，以及娛樂視聽等網頁介面；故兩極化解釋算是合理（參閱表 4-1-7）。

　　由於 1 分鐘內就離開的上網人數比率平均佔 28.02% 最多（顯示沒有使用者所需的資料），建議可以改進網頁使用介面，讓瀏覽者能在掃瞄網頁時，找到所需資訊，或藉由網頁呈現方式引起使用者注意，增加瀏覽者停留時間，及回流率，以盡力達到網站推廣的功能。

表 4-1-7　觀光局資訊入口網站停留時間

Pages	二　月		三　月		四　月		月平均
Visit Duration（Minutes）	Page Views	% of Total Views	Page Views	% of Total Views	Page Views	% of Total Views	% of ave Views
0-1	407,807	28.25%	493,492	29.05%	473,170	26.77%	28.02%
1-2	109,429	7.58%	127,760	7.52%	130,258	7.37%	7.5%
2-3	71,940	4.98%	84,072	4.95%	88,816	5.02%	4.98%
3-4	57,797	4%	63,259	3.72%	71,985	4.07%	4.23%
4-5	47,722	3.3%	52,732	3.1%	59,386	3.36%	3.25%
5-6	42,351	2.93%	43,270	2.54%	49,940	2.82%	2.76%
6-7	35,370	2.45%	38,660	2.27%	43,618	2.46%	2.38%
7-8	32,452	2.24%	34,865	2.05%	38,320	2.16%	2.2%

（0~6 分鐘佔 50%）

8-9	28,445	1.97%	30,592	1.8%	35,209	1.99%	1.9%
9-10	26,297	1.82%	28,852	1.69%	31,439	1.77%	1.8%
10-11	24,111	1.67%	26,851	1.58%	28,876	1.63%	1.6%
11-12	22,444	1.55%	23,759	1.39%	27,841	1.57%	1.5%
12-13	21,719	1.5%	23,511	1.38%	25,761	1.45%	1.43%
13-14	18,948	1.31%	21,302	1.25%	23,017	1.3%	1.3%
14-15	18,232	1.26%	18,923	1.11%	21,466	1.21%	1.18%
15-16	16,179	1.12%	17,931	1.05%	20,600	1.16%	1.11%
16-17	15,698	1.08%	19,876	1.17%	18,963	1.07%	1.1%
17-18	14,655	1.01%	17,742	1.04%	19,260	1.09%	1.05%
18-19	13,474	0.93%	16,116	0.94%	16,612	0.94%	0.94%
> 19	418,469	28.98%	514,817	30.31%	542,353	30.69%	30%
Totals	1,443,539	100%	1,698,382	100%	1,766,890	100%	100%

五、使用者進入觀光局資訊入口網站排名

　　為得知在觀光局資訊入口網站上瀏覽者僅針對觀光相關景點所點選率作探討，我們在觀光局資訊入口網站中，網頁兩層內的旅遊景點篩選出來，共有一百四十八個旅遊景點之作排名（參閱表 4-1-8）。結果顯示在總人次有 122,691 中，美食之旅最多被人點選、溫泉之旅排名第二都有兩萬五千人次以上點選、各占了 1/5 左右，第三名為一般旅館，有 14,871 人次點選、第四名為文化之旅，有 14,541 人次點選、第五名為鐵道之旅，有 12,104 人次點選、第六名為國際觀光旅館，有 10,812 人次點選、第七名為冒險之旅，有 9,618 人次點選、第八名為一般觀光旅館，有 9483 人次點選、第九名為主題樂園，有 9,443 人次點選、第十名為離島之旅、有 8,019 人次點選。

　　這前十名中也多屬於網頁第一層位置的欄位，但是主題樂園不是在建議行程當中，一般旅館、國際觀光旅館、一般觀光旅館也不是在首頁兩旁的建議欄位中，但這些的點選率卻能勝過原本推薦行程之欄位，故可加以瞭解瀏覽者需求作網頁上的改進。

　　扣掉僅有「類型」的旅遊欄位，我們看到其他受歡迎前十名的旅遊景點依序為，溪頭、日月潭生態二日遊、台北都會一日遊、烏來溫泉一日遊、台北士林夜市、東區商圈、烏來小吃三日遊、南台灣二日遊、台北都會二日遊、台中美食二日遊、陽明山溫泉二日遊、北埔、內灣戀戀風情一日、北海岸一日遊。

　　這些為台灣著名觀光景點，也有深厚的知名度，溪頭、日月潭並未因天災的影響而減少她的吸引力，台北為首善之都，近年來不論是交通、景觀、文藝活動都不斷增加與改進，以提供多元的生活空間。烏來溫泉、陽明山溫泉也都是許多觀光客的最愛，且二月為冬天、三、四月的台灣也尚有涼意、故點選溫泉的瀏覽者依舊名列前茅；在這裡發現北埔、內灣戀戀風晴一日遊也有許多人點選，由於近幾年因社區營造的發展、以及媒體的炒作，讓這塊純樸的客家文化區域熱絡了起來，也將這自然的山野景觀與豐富的在地故事，造就成當地的觀光特色，吸引大量遊客前往（參閱表4-1-8）。

表 4-1-8 148URL 欄位點選率之排名

排名	名稱	人數	排名	名稱	人數
1	美食之旅	26,323	27	基隆廟口小吃一日遊	2445
2	溫泉之旅	25,702	28	寶來、不老溫泉二日遊	2412
3	一般旅館	14,871	29	新竹美食二日遊	2379
4	文化之旅	14,541	30	太魯閣峽谷、東部海岸國家風景區二日遊	2328
5	鐵道之旅	12,104	31	高雄美食三日遊	2268
6	國際觀光旅館	10,812	32	墾丁國家公園、高雄、太魯閣峽谷三日遊	2180
7	冒險之旅	9618	33	航空	2147
8	一般觀光旅館	9483	34	關子嶺溫泉二日遊	1948
9	主題遊樂園	9443	35	東部海岸國家風景區一日遊	1831
10	離島之旅	8019	36	台北都會二日遊	1830
11	會議展覽	6127	37	台北都會三日遊 C 行程	1772
12	住宿	5769	38	台北都會三日遊 A 行程	1770
13	民宿	4688	39	九分、金瓜石二日遊	1763
14	溪頭、日月潭生態二日遊	4650	40	花蓮二日遊	1723
15	台北都會一日遊	3991	41	東埔、集集二日遊	1718
16	烏來溫泉二日遊	3983	42	環島五日遊 B 行程	1691
17	台北士林夜市、東區商圈、烏來小吃三日遊	3658	43	台北都會二日遊	1689
18	南台灣二日遊	3612	44	新交通好心情－輕鬆到淡水	1665
19	台北都會二日遊	2912	45	鹿港美食二日遊	1634
20	台中美食二日遊	2864	46	七星山連峰登山健行一日遊	1633
21	陽明山溫泉二日遊	2766	47	澎湖群島三日遊 A 行程	1600
22	北埔、內灣戀戀風情一日	2763	48	日月潭－清境農場之旅	1553
23	北海岸一日遊	2735	49	宜蘭美食二日遊	1523
24	台南小吃二日遊	2717	50	蘭陽、太平山二日遊	1471
25	盧山、谷關溫泉三日遊	2556	51	台北都會三日遊 B 行程	1459
26	北投溫泉三日遊	2551	52	三峽、鶯歌文化民俗之旅	1457

53	台北都會二日遊B行程	1443	79	玉山－阿里山－新中橫之旅	874
54	淡水生態一日遊	1388	80	烏來賞鳥一日遊	870
55	綠島之旅	1362	81	玉山國家公園之旅－新中橫塔塔加遊憩區 二日遊	864
56	屏東山產美食三日遊	1329	82	高雄文化古蹟三日遊	854
57	台北都會二日遊C行程	1303	83	花東海岸賞鯨二日遊－東部海岸國家風景區	854
58	礁溪、蘇澳溫泉三日遊	1285	84	北海岸－淡水之旅	844
59	華西街夜市、茶園三日	1240	85	北埔客家文化二日遊	841
60	花東溫泉二日遊	1235	86	三義木雕二日遊	827
61	柿餅之鄉巡禮一日遊	1218	87	澎湖本島與南海二日遊	817
62	花東美食二日遊	1192	88	阿里山地區國家森林步道健行二日遊	813
63	台南都會古蹟之旅	1160	89	蘭嶼二日遊	784
64	東埔溫泉三日遊	1149	90	中部文化古蹟三日遊	777
65	四重溪溫泉二日遊	1140	91	墾丁國家公園三日遊	774
66	三峽、鶯歌二日遊	1090	92	台中都會之旅	763
67	台北文化古蹟一日遊	1065	93	金門二日遊A行程	744
68	綠島、知本溫泉三日遊	1053	94	台南文化古蹟二日遊	738
69	澎湖本島、北海與東海二日遊	1021	95	南橫西段－茂林之旅	736
70	花東三日遊	1001	96	紅葉二日遊溫泉	720
71	南迴三日遊	996	97	大鵬灣國家風景區之旅一日遊	715
72	瑞穗溫泉二日遊	990	98	海上明珠－澎湖之旅	715
73	陽明山國家公園之旅	989	99	墾丁熱帶風情之旅	710
74	雪霸國家公園二日遊	972	100	集集民俗古蹟三日遊	694
75	鹿港文化古蹟一日遊	957	101	龜山島一日遊	681
76	購物	942	102	南台灣「美濃－高雄」之旅	675
77	阿里山生態二日遊	903	103	蘇澳、仁澤溫泉三日遊	652
78	故宮-陽明山二日遊	889	104	鶯歌－石門水庫之旅	643

105	屏東原住民文化二日遊	634	127	花東原住民文化二日遊	127
106	玉山國家公園之旅－新中橫塔塔加遊憩區	592	128	金門國家公園二日遊	128
107	綠島潛水二日遊	585	129	觀音山－八里風景線之旅	129
108	東北角海岸－蘭陽之旅	578	130	合歡山登山三日遊	130
109	金門三日遊	566	131	玉山國家公園之旅－南安瓦拉米遊程二日遊	342
110	墾丁南灣、小灣潛水二日遊	560	132	東北角水上活動二日遊	327
111	蘭嶼之旅	557	133	草嶺古道二日遊－東北角海岸國家風景區	326
112	賞鯨加親水步道二日遊	506	134	艋舺古蹟之旅	322
113	草嶺古道主題一日遊	505	135	玉山山岳之旅－南橫二日遊	301
114	大鵬灣國家風景區之旅二日遊	495	136	走馬瀨－嘉義農場之旅	275
115	馬祖三日遊 A 行程	490	137	玉山國家公園之旅－南橫梅山埡口遊程	268
116	棲蘭山歷代神木園二日	489	138	玉山國家公園之旅－南安瓦拉米遊程	268
117	走馬瀨農場、台南二日遊	488	139	金門二日遊 B 行程	245
118	澎湖水上活動二日遊	480	140	馬那邦登山三日遊	241
119	合歡山山岳二日遊	475	141	馬祖三日遊 B 行程	239
120	玉山國家公園之旅-新中橫塔塔加遊憩區　三日遊	471	142	玉山國家公園之旅－南橫梅山埡口遊程二日遊	224
121	馬那邦山賞楓三日遊	450	143	蘭陽溪賞鳥三日遊	222
122	玉山國家公園之旅－南橫梅山埡口遊程三日遊	445	144	三義－明德水庫之旅	195
123	中橫－梨山之旅	437	145	大霸尖山三日遊	192
124	東北角海岸地質三日遊	429	146	塔塔加鞍部－玉山主峰二日遊	182
125	澎湖生態二日遊	415	147	草嶺古道二日遊	163
126	花蓮秀姑巒溪泛舟二日遊－花東縱谷國家風景區	380	148	生態之旅	2

六、我國觀光資訊入口網站網域分析

此判斷的標準是根據使用者的 DOMAIN NAME，由於網路要透過 DNS 的設定，才能判別出網域的 DOMAIN NAME，一般常見的往域名稱有：.com = Commercial、.edu = Educational、.int = International、.gov = Government、.mil = Military、.net = Network、.org = Organization 等；由表 4-1-8 可以知道我國觀光資訊入口網站使用者大部分的網域是從網路（network）連結而來，可能是撥接上網、ADSL 上網、或者是 CABLE 連線上網等，都是屬於這個網域，各月加總平均後的造訪次數為 13,212,966 次，佔了 84.3%；其次為商業網域（commercial）進入的使用者，各月加總平均後的造訪次數 1,650,248 次，佔了將近 10.6%，再其次為教育機構，這部分多是從學校系統（Education）進入我國觀光資訊入口網站，各月加總平均後的造訪次數為 784,393 次，佔了將近 4.9%；。這三者網域幾乎佔了 99%，剩下由組織機構、軍方網路及我國政府進入觀光資訊入口網站的造訪比例不到 1%（如下表 4-1-8；圖 4-1-10、圖 4-1-11、圖 4-1-12 所示）。

藉由此往域分析可以瞭解觀光資訊入口網站主要的組織類別，在此知道除了.net 外，公司行號與教育機構也喜歡上此網站，更可以針對此兩族群作行銷推廣，增加觀光收益。

表 4-1-9　觀光資訊入口網站主要網域分佈

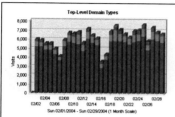 圖 4-1-10　二月我國觀光資訊入口網 站主要網域分佈	由 .net 上線的人次有 12,863,834（佔 86.35%）、由 .com 上網的有 1,412,693（佔 9.48%）、由 .edu 上網的有 589,191 次（佔 3.95%）。
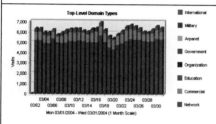 圖 4-1-11　三月我國觀光資訊入口網 站主要網域分佈	由 .net 上線的人次有 12,077,545（佔 82.6%）、由 .com 上網的有 1,939,093（佔 13.26%）、由 .edu 上網的有 568,158 次（佔 3.88%）；三月由 .com 上網的人次比二、四月增加了 4%。
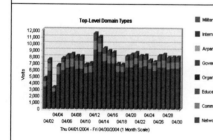 圖 4-1-12　四月我國觀光資訊入口網 站主要網域分佈	由 .net 上線的人次有 14,697,518（佔 83.89%%）、由 .com 上網的有 1,598,960（佔 9.12%）、由 .edu 上網的有 1,195,830 次（佔 6.82%）；由教育單位上網的人次比二、三月比例多了 3%。（四月有春假、以及相關觀光考試，可能因此造成影響）。

七、觀光資訊入口網站單一元素出現錯誤訊息之網頁分析

　　一般的網站可能因為流量過大、系統不穩或是維修等原因使得使用者在網頁瀏覽時出現錯的誤訊息，找不到網頁的文字出現，網頁元素下載不存在問題[4]也會影響使用者的瀏覽情緒，網站系統管理者應儘量減少此錯誤率的發生，以降低使用者離開網站的機率。

　　下表 4-1-9 為二到四月網頁單一元素發生錯誤的統計，各月加總平均後的造訪次數為 29,238,428 次，每個月平均有 28,190,198 次成功，平均每月有將近 1,048,231 個造訪次數會遇到網頁有錯誤的訊息（佔 3.577%）。

　　二、三、四月網頁有錯誤的問題並沒有因為時間而逐漸減少，反而有持續增加的趨勢（二月失敗率 3.46%、三月失敗率 3.6%、四月失敗率 3.67%），可以深入探討網站是否在設計上有其缺失，容易造成網頁不存在的訊息等問題。

　　雖然單一元素出現錯誤機率，平均僅有 3.577%，但是，在一個代表我國之觀光資訊入口網站，且每天上網流量有一萬多人高流量的網站，應該有更嚴格的要求，以提供一個零失誤的，高品質的，舒適的網站給瀏覽者。

4　Hits - Number of hits to your site during the specified time interval. A hit is a single action on the Web server as it appears in the log file. A visitor downloading a single file is logged as a single hit, while a visitor requesting a Web page including two images registers as three hits on the server; one hit is the request for the .html page, and two additional hits are requests for the downloaded image files. While the volume of hits is an indicator of Web server traffic, it is not an accurate reflection of how many pages are being looked at.

表 4-1-10、二、三、四月觀光資訊入口網站單一元素出現錯誤訊
息統計

Technical Statistics and Analysis	二月	三月	四月	Average
Total Hits	27,386,476	29,089,825	31,238,985	29,238,428
Successful Hits	26,438,083	28,041,154	30,091,357	28,190,198
Failed Hits	948,393	1,048,671	1,147,628	1,048,231
Failed Hits as Percent	3.46%	3.6%	3.67%	3.577%

八、小結

綜合上述有關使用者行為分析，在資訊技術的發展和應
用使企業之間的競爭如此激烈的時代，互聯網技術的成熟和
普及加快了資訊的傳播速度，網站已經成為面向市場的重要
工具之一，作為網站的管理者，能具體詳細地瞭解網站的不
同時段、不同週期的流量狀況、日內最高峰值、平均流量、
取值當前流量及各階段該埠的利用率等，除了可以合理調配
帶寬資源使其網路呈現最佳化的設計，也可針對使用者習性
提出相關之行銷策略。

馬其歐尼尼（Marchionini1995）指出瀏覽的策略是自然
且有效的資訊尋求途徑，且是分正式的、機會性的及受資訊
環境的影響，因此指出在實體環境的瀏覽共有四個策略為
（一）心中認知的掃描（Scanning）、（二）系統化的觀察
（Observing）、（三）依照超文本的連結航行（Navigation）、
（四）與尋求者的興趣有關的監看（Monitor）等步驟行動，
使用者因受不同瀏覽介面刺激而有不同的資訊搜尋模式與
特性區別，也因此在觀光推動與電子資料庫普遍使用下，若

能在短時間內吸引瀏覽者的目光，提供使用者最完善的需求，將可以透過無限的網路世界將觀光推銷出去，並達到政府與民眾溝通的方便的通路。

針對於訪客分析，每當有觀光大型節慶活動時，活動前一週的網路流量都是比較多的，而活動或放假當天的流量卻是最少，是可以針對設計者或網站維護者作適當的調整，如在流量多時，網路頻寬上應該加大，以免出現網路壅塞現象，且在點選率高的時段也可以增加新活動的出現率，達到更多人看到的曝光效果。

在此針對不同人員提供不同決策方向，如針對網站設計執行、市場行銷、企畫人員等（參閱表 4-1-10）。

表 4-1-11　運用 LOG 網路分析，提供執行人員之決策方向

網站技術主管及維護（設計）執行者	市場行銷、企劃人員
1.瞭解網站流量的趨勢。	1.瞭解那一分類是最受歡迎最有效果的。
2.預測流量的尖峰時段。	2.察覺那些產品是線上買主所需的。
3.伺服器空間可容納的流量。	3.線上客戶來至那裡。
4.監測訪客的頻率和到訪時間。	4.瞭解客戶在找些什麼。
5.瀏覽器技術的調整。	5.那一個路徑帶來最多的購買行為。
6.協助找出網站的問題。	6.協助選擇廣告採購對象。
7.檢視網頁設計去符合訪客的需求。	7.評估廣告行銷活動的報酬率。
8.有效的設計網站的最佳路徑。	8.檢視線上買主為何沒有完成交易。
9.動態網頁的設計輔助。	9.什麼的內容產生最多的購買、訂購行為。

第二節　交叉分析

　　在觀光局旅遊資訊網站上有眾多類型的旅遊選擇中，是否瀏覽者會因為時間不同產生不同的旅遊選擇類型，而此節第一部分將以一百四十八種旅遊型態與星期變數一一進行卡方獨立性檢定，探討不同的旅遊型態與點選時間是否有顯著差異。第二部份則進一步探討以下兩項假設：

※假設 1：一天、兩天行程的欄位，點選時機多接近週末假期，且以區域性的活動都會生活類型最多。（以有點選「台北都會旅遊」型態為例）

※假設 2：長停留時間的旅遊型態，點選時機可能為週一、週二，且以休憩地區活動類型最多（如：休閒度假村、如登山露營、觀光牧場、會議中心、離島地區、環島五日遊等（Gunn1988）。）

一、交叉分析結果

「研究假設一、不同的旅遊型態與點選時間有顯著差異」

<操作方向式>：透過卡方檢定，探討一百四十八個 URL 旅遊型態，與點選時間是否有差異，篩選出有顯著差異的類型探討。

　　得知在二月~四月其中有七十七項的結果顯示，在自由度為 6 時，已達到.05 的顯著水準，表示「旅遊型態」與「星期」兩變項間並非獨立，有顯著相關存在。

　　因此再進一步分析中將未達顯著的旅遊類別與以排除。得知七十七個顯著相關的旅遊型態依照整體總和，由高

至低依序為「美食之旅」、「一般旅館」、「文化之旅」、「鐵道之旅」、「國際觀光旅館」、「冒險之旅」、「一般旅館」、「主題遊樂園」、「離島之旅」、「住宿」、「民宿」、「台北都會一日遊」、「台北士林夜市、東區商圈、烏來小吃三日遊」、「南台灣二日遊」、「台北都會二日遊」、「北埔、內灣戀戀風情一日」、「北海岸一日遊」、「台南小吃二日遊」、「基隆廟口小吃一日遊」、「新竹美食二日遊」、「太魯閣峽谷、東部海岸風景區二日遊」、「墾丁國家公園、高雄、太魯閣峽谷三日遊」、「航空」、「關子嶺溫泉二日遊」、「台北都會三日遊 C 行程」、「台北都會三日遊 A 行程」、「九分、金瓜石二日遊」、「花蓮二日遊」、「環島五日遊 B 行程」、「新交通好心情－輕鬆到淡水」、「鹿港美食二日遊」、「七星山連峰登山健行一日遊」、「澎湖群島三日遊 A 行程」、「宜蘭美食二日遊」、「台北都會二日遊 B 行程」、「淡水生態一日遊」、「華西街夜市、茶園三日」、「花東溫泉二日遊」、「花東美食二日遊」、「台南都會古蹟之旅」、「東埔溫泉三日遊」、「四重溪溫泉二日遊」、「三峽、鶯歌二日遊」、「台北文化古蹟一日遊」、「澎湖本島、北海與東海二日遊」、「南迴三日遊」、「瑞穗溫泉二日遊」、「鹿港文化古蹟一日遊」、「購物」、「阿里山生態二日遊」、「故宮-陽明山二日遊」、「烏來賞鳥一日遊」、「北海岸－淡水之旅」、「北埔客家文化二日遊」、「三義木雕二日遊」、「澎湖本島與南海二日遊」、「阿里山地區國家森林步道健行二日遊」、「蘭嶼二日遊」、「金門二日遊 A 行程」、「台南文化古蹟二日遊」、「紅葉二日

遊溫泉」、「大鵬灣國家風景區之旅一日遊」、「海上明珠
－澎湖之旅」、「南台灣「美濃－高雄」之旅」、「鶯歌－
石門水庫之旅」、「金門三日遊」、「蘭嶼之旅」、「草嶺
古道主題一日遊」、「棲蘭山歷代神木園二日」、「玉山國
家公園之旅-新中橫塔塔加遊憩區三日遊」、「東北角海岸
地質三日遊」、「金門國家公園二日遊」、「東北角水上活
動二日遊」、「艋舺古蹟之旅」、「走馬瀨－嘉義農場之旅」、
「草嶺古道二日遊」。（如下表 4-2-1）

表 4-2-1　二、三、四月旅遊型態*星期別交叉分析

排名	URL 名稱	星期							總和	P-Value
		Mon	Tue	Wed	Thu	Fri	Sat	Sun		
	總點選人次	21930	19611	18526	16914	19960	11320	13603	121864	
1	美食之旅	4402	4121	3974	3715	4445	2657	3009	26323	.000**
2	一般旅館	3409	2717	2134	1959	2106	1175	1371	14871	.000**
3	文化之旅	2421	2201	2218	1949	2497	1542	1713	14541	.000**
4	鐵道之旅	2076	1875	1836	1689	1949	1217	1462	12104	.000**
5	國際觀光旅館	2110	1784	1686	1479	1746	850	1157	10812	.000**
6	冒險之旅	1599	1451	1414	1333	1674	1015	1132	9618	.000**
7	一般觀光旅館	1903	1668	1456	1275	1482	722	977	9483	.000**
8	主題遊樂園	1605	1391	1387	1295	1638	1051	1076	9443	.000**
9	離島之旅	1438	1291	1189	1135	1268	698	1000	8019	.004*
10	住宿	1807	1390	686	562	620	292	412	5769	.000**
11	民宿	1472	1188	553	435	521	227	292	4688	.000**
12	台北都會一日遊	685	561	590	557	708	443	437	3981	.000**
13	台北士林夜市、東區商圈、烏來小吃三日	591	582	578	524	575	360	453	3658	.011*

表頭標題：交叉表（僅列出星期與點選次數有顯著差異的 URL）

	遊									
14	南台灣二日遊	618	641	524	542	559	355	373	3612	.005*
15	台北都會二日遊	460	400	498	426	501	295	322	2902	.000**
16	北埔、內灣戀戀風情一日	393	376	400	370	589	309	326	2763	.000**
17	北海岸一日遊	431	360	426	388	525	308	297	2735	.000**
18	台南小吃二日遊	413	430	400	395	495	289	295	2717	.000**
19	基隆廟口小吃一日遊	423	355	383	339	384	280	281	2445	.005*
20	新竹美食二日遊	400	327	352	349	419	270	262	2379	.000**
21	太魯閣峽谷、東部海岸風景區二日遊	495	382	371	328	355	192	205	2328	.000**
22	墾丁國家公園、高雄、太魯閣峽谷三日遊	406	366	322	302	330	167	287	2180	.007*
23	航空	387	317	314	291	341	206	291	2147	.022*
24	關子嶺溫泉二日遊	335	334	277	292	331	198	182	1948	.037*
25	台北都會三日遊C行程	273	248	289	259	318	195	190	1772	.006**
26	台北都會三日遊A行程	289	255	284	291	311	163	177	1770	.012*
27	九分、金瓜石二日遊	274	239	283	254	285	201	217	1753	.001**
28	花蓮二日遊	359	243	264	239	261	165	192	1723	.031*
29	環島五日遊B行程	318	281	236	219	256	151	230	1691	.023*
31	新交通好心情一輕	271	242	249	227	282	186	208	1665	.021*

	鬆到淡水								
32	鹿港美食二日遊	283	221	269	224	287	172	178	1634	.04*
33	七星山連峰登山健行一日遊	293	246	257	205	283	189	160	1633	.011*
34	澎湖群島三日遊A行程	301	275	246	233	257	110	178	1600	.049*
35	宜蘭美食二日遊	247	227	242	195	293	149	170	1523	.03*
36	台北都會二日遊B行程	240	192	227	230	255	148	161	1453	.02*
37	淡水生態一日遊	221	189	203	168	252	166	189	1388	.000**
38	華西街夜市、茶園三日	164	185	215	165	213	140	158	1240	.000**
39	花東溫泉二日遊	246	235	170	178	178	101	127	1235	.011*
40	花東美食二日遊	249	173	187	174	158	111	140	1192	.000**
41	台南都會古蹟之旅	174	190	167	164	192	144	129	1160	.005**
42	東埔溫泉三日遊	226	199	178	140	183	126	97	1149	.01**
43	四重溪溫泉二日遊	195	148	155	172	212	107	151	1140	.005**
44	三峽、鶯歌二日遊	153	146	183	134	192	150	132	1090	.000**
45	台北文化古蹟一日遊	170	151	153	140	171	141	139	1065	.000**
46	澎湖本島、北海與東海二日遊	189	166	139	119	156	96	156	1021	.001**
47	南迴三日遊	197	169	170	131	122	93	114	996	.017*
48	瑞穗溫泉二日遊	190	142	132	157	144	88	137	990	.012*
49	鹿港文化	161	125	122	127	208	108	106	957	.000**

95

	古蹟一日遊									
50	購物	172	140	175	121	133	80	121	942	.034*
51	阿里山生態二日遊	132	154	177	144	138	81	77	903	.000**
52	故宮-陽明山遊	139	137	132	110	149	99	123	889	.034*
53	烏來賞鳥一日遊	128	127	103	123	176	92	121	870	.000**
54	北海岸-淡水之旅	108	109	152	113	177	94	91	844	.000**
55	北埔客家文化二日遊	136	121	123	128	189	89	55	841	.000**
56	三義木雕二日遊	119	136	114	136	169	69	84	827	.002**
57	澎湖本島與南海二日遊	152	125	147	102	128	56	108	817	.019**
58	阿里山地區國家森林步道健行二日遊	144	119	131	111	129	103	76	813	.009**
59	蘭嶼二日遊	149	114	113	98	115	69	126	784	.001**
60	金門二日遊A行程	151	138	123	89	119	33	91	744	.000**
61	台南文化古蹟二日遊	109	130	90	112	127	92	78	738	.000**
62	紅葉溫泉二日遊	132	135	89	118	118	56	72	720	.043*
63	大鵬灣國家風景區之旅 一日遊	118	101	88	97	156	80	75	715	.001**
64	海上明珠-澎湖之旅	145	125	116	75	140	44	70	715	.001**
65	南台灣「美濃-高雄」之旅	93	123	92	103	108	75	81	675	.035*
66	鶯歌-石門水庫之旅	71	101	91	72	133	85	90	643	.000**

67	金門三日遊	92	89	79	92	79	43	92	566	.002**
68	蘭嶼之旅	112	89	71	66	74	50	95	557	.000**
69	草嶺古道主題一日遊	73	77	60	83	97	60	55	505	.014*
70	棲蘭山歷代神木園二日	95	79	67	86	86	32	44	489	.049*
71	玉山國家公園之旅－新中橫塔塔加遊憩區 三日遊	120	87	68	55	63	31	47	471	.000**
72	東北角海岸地質三日遊	75	54	87	60	52	35	66	429	.001**
73	金門國家公園二日遊	69	54	43	54	47	33	65	365	.002**
74	東北角水上活動二日遊	58	51	41	41	48	31	57	327	.028*
75	艋舺古蹟之旅	44	47	45	46	61	49	30	322	.005**
76	走馬瀨－嘉義農場之旅	53	62	32	26	45	30	27	275	.000**
77	草嶺古道二日遊	13	32	26	22	36	13	21	163	.025*

■台北都會類 ▨登山露營活動類 □離島地區 ▨住宿類 ▨兩天以上的旅程

P-Value＜0.05 *，P-Value＜0.01**

二、假設檢定

檢定結果：

（一）有點選「台北都會旅遊」者：

經檢定結果在二、三、四月中有點選「台北都會旅遊」且達到顯著的瀏覽者中，有五項是點選台北都會旅遊相關行程，分別為排序第 12 的台北都會一日遊、排序 15 的台北都會二日遊、排序 25 的台北都會三日遊 C 行程、排序 26 的台北都會二日遊 A 行程、排序 36 的台北都會二日遊 B 行程（參閱表 4-2-2）；

從表 4-2-2 有點選「台北都會旅遊」的次數與比率中更明顯的看出來這五項台北都會旅遊的點選時間都以星期五為最多點選的時機，共有 2093 人次，占點選台北都會之旅的 17.56%，週末點選次數最少，有 1244 人次，占台北都會之旅的 10.44%；

若以台北都會之旅人次在全體點選的百分比下，可以得知，星期五、星期六的相對比率偏高，皆高於平均值；此更明顯顯示點選台北都會旅遊行程的網路使用者的使用時間偏向於週末前幾天，並以週五、週六占最多數。

因此有點選「台北都會旅遊」者符合假設 1，即一天、兩天行程的欄位，點選時機多接近週末假期，且以區域性的活動都會生活類型最多。

表 4-2-2　台北都會旅遊＊星期點選次數、占台北都會之旅內及占總數之百分比率

排名	類型＊星期	Mon		Tue		Wed		Thu		Fri		Sat		Sun		TOTAL	
		個數		個數		個數		個數		個數		個數		個數		個數	
		占該週%	占總數%	占該週%	占總數%	占該週%	占總數%	占該週%	占總數%	占該週%	占總數%	占該週%	占總數%	占該週%	占總數%	占該週%	占總數%
12	台北都會一日遊	695		561		590		557		708		443		437		3991	
		17.41	3.17	14.06	2.86	14.78	3.18	13.96	3.29	17.74	3.55	11.10	3.91	10.95	3.21	100	3.27
15	台北都會二日遊	470		400		498		426		501		295		322		2912	
		16.14	2.14	13.74	2.04	17.10	2.69	14.63	2.52	17.20	2.51	10.13	2.61	11.06	2.37	100	2.39
25	台北都會三日遊C行程	283		248		289		259		318		195		190		1782	
		15.88	1.29	13.92	1.26	16.22	1.56	14.53	1.53	17.85	1.59	10.94	1.72	10.66	1.40	100	1.46
26	台北都會三日遊A行程	299		255		284		291		311		163		177		1780	
		16.80	1.36	14.33	1.30	15.96	1.53	16.35	1.72	17.47	1.56	9.16	1.44	9.94	1.30	100	1.46
36	台北都會二日遊B行程	240		192		227		230		255		148		161		1453	
		16.52	1.09	13.21	0.98	15.62	1.23	15.83	1.36	17.55	1.28	10.19	1.31	11.08	1.18	100	1.19
TOTAL	該週瀏覽總數	1987		1656		1888		1763		2093		1244		1287		11918	
	整體瀏覽總數	21930		19611		18526		16914		19960		11320		13603		121864	
		16.67	9.06	13.89	8.44	15.84	10.19	14.79	10.42	17.56	10.49	10.44	10.99	10.80	9.46	100	9.78

註：占該週的％：點選台北都會之旅人次，占點選該週瀏覽總數的百分比。

占總數的％：點選台北都會之旅人次，占各星期之整體瀏覽總數的百分比。（ex:695/21930=3.17%、561/19611=2.86%......）

（二）有點選「登山露營活動」者：

經檢定結果在二、三、四月中有點選「登山露營活動」且達到顯著的瀏覽者中，有九項是點選登山露營活動相關行程，分別為排序第 21 的太魯閣峽谷、東部海岸風景區二日遊、排序 22 的墾丁國家公園、高雄、太魯閣峽谷三日遊、排序 33 的七星山連峰登山健行一日遊、排序 47 的南迴三日遊、排序 51 的阿里山生態二日遊、排序 58 的阿里山地區國家森林步道健行二日遊、排序 70 的棲蘭山歷代神木園二日、排序 71 的玉山國家公園之旅－新中橫塔塔加遊憩區 三日遊、排序 76 的走馬瀨－嘉義農場之旅（參閱表 4-2-3）；

從表 4-2-3 有點選「登山露營活動」的次數與比率中看出來這九項「登山露營活動」的點選時間都以星期一為最多點選的時機，共有 1935 人次，占點選登山露營活動的 19.18%，其次依序為星期二有 1664 人次，占點選登山露營活動的 16.49%、星期三 1595 人次，占點選登山露營活動的 15.81%、星期五 1551 人次，占點選登山露營活動的 15.37%，週末點選次數最少，皆只占了 9.1%，此明顯顯示點選登山露營活動行程的網路使用者的使用時間偏向於星期一、星期二，越到假期前，點選人數越少。

我們再進一步與整體的點選比較下，也觀察到星期一的相對點選比例是最高的，並未因星期一的總人次偏高（有 21930 人次）而改變，並且每一項旅遊類型的星期一點選比率也都在平均值之上。

因此有點選「登山露營活動」者符合假設 2，即長停留時間的旅遊型態，點選時機可能為週一、週二，且以休憩地區活動類型最多。

表 4-2-3　登山露營活動＊星期點選次數、占登山露營內及占總數之百分比率

排名	類型＊星期	Mon 個數		Tue 個數		Wed 個數		Thu 個數		Fri 個數		Sat 個數		Sun 個數		TOTAL 個數	
		占該週%	占總數%	占該週%	占總數%	占該週%	占總數%	占該週%	占總數%	占該週%	占總數%	占該週%	占總數%	占該週%	占總數%	占該週%	占總數%
21	太魯閣峽谷、東部海岸風景區二日遊	495		382		371		328		355		192		205		2328	
		21.26	2.26	16.41	1.95	15.94	2.00	14.09	1.94	15.25	1.78	8.25	1.70	8.81	1.51	100	1.91
22	墾丁國家公園、高雄、太魯閣峽谷三日遊	406		366		322		302		330		167		287		2180	
		18.62	1.85	16.79	1.87	14.77	1.74	13.85	1.79	15.14	1.65	7.66	1.48	13.17	2.11	100	1.79
33	七星山連峰登山健行一日遊	293		246		257		205		283		189		160		1633	
		17.94	1.34	15.06	1.25	15.74	1.39	12.55	1.21	17.33	1.42	11.57	1.67	9.80	1.18	100	1.34
47	南迴三日遊	197		169		170		131		122		93		114		996	
		19.78	0.90	16.97	0.86	17.07	0.92	13.15	0.77	12.25	0.61	9.34	0.82	11.45	0.84	100	0.82
51	阿里山生態二日遊	132		154		177		144		138		81		77		903	
		14.62	0.60	17.05	0.79	19.60	0.96	15.95	0.85	15.28	0.69	8.97	0.72	8.53	0.57	100	0.74
58	阿里山地區國家森林步道健行二日遊	144		119		131		111		129		103		76		813	
		17.71	0.66	14.64	0.61	16.11	0.71	13.65	0.66	15.87	0.66	12.67	0.91	9.35	0.56	100	0.67
70	樓蘭山歷代神木園二日	95		79		67		86		86		32		44		489	
		19.43	0.43	16.16	0.40	13.70	0.36	17.59	0.51	17.59	0.43	6.54	0.28	9.00	0.32	100	0.40
71	玉山國家公園之旅—新中橫塔塔加遊憩區三日遊	120		87		68		55		63		31		47		471	
		25.48	0.55	18.47	0.44	14.44	0.37	11.68	0.33	13.38	0.32	6.58	0.27	9.98	0.35	100	0.39
76	走馬瀨—嘉義農場之旅	53		62		32		26		45		30		27		275	
		19.27	0.24	22.55	0.32	11.64	0.17	9.45	0.15	16.36	0.23	10.91	0.27	9.82	0.20	100	0.23
Total	該週瀏覽總數	1935		1664		1595		1388		1551		918		1037		10088	
	整體瀏覽總數	21930		19611		18526		16914		19960		11320		13603		121864	
		19.18	8.82	16.49	8.49	15.81	8.61	13.76	8.21	15.37	7.77	9.10	8.11	10.28	7.62	100	8.28

註：占該週的％：選登山露營之旅人次，占點選該週瀏覽總數的百分比。

占總數的％：點選登山露營之旅人次，占各星期之整體瀏覽總數的百分比。

（三）有點選「離島之旅」者：

經檢定結果在二、三、四月中有點選「離島之旅」且達到顯著的瀏覽者中，有 9 項是點選離島之旅相關行程，分別為排序 9 的離島之旅、排序 34 的澎湖本島 A 行程、排序 57 的澎湖本島與南海二日遊、排序 59 的蘭嶼二日遊、排序 60 的金門二日遊 A 行程、排序 64 的海上明珠 - 澎湖之旅、排序 67 的金門三日遊、排序 68 的蘭嶼之旅、排序 73 的金門國家公園二日遊（參閱表 4-2-4）；

由表 4-2-4 更明顯的看出來這九項是點選「離島之旅」的點選時間都以星期一為最多點選的時機，共有 2609 人次，占點選離島之旅的 18.42%，其次依序為星期二有 2300 人次，占 16.23%、星期五 2227 人次，占 15.72%、星期三 2127 人次，占 15.1%，星期四占平日最少有 1944 人次，約 13.72%；而週末點選次數最少，約皆只占了 10%；然而我們再進一步與整體的點選比較下，也觀察到星期一的相對點選比例是最高的，並未因星期一的總人次偏高（有 21930 人次）而改變，並且每一項旅遊類型的星期一點選比率也都在平均值之上；除了星期一點選次數與總點選率相對最高外，星期二也占總數的 11.73%，平日排名第二；而星期三（11.49%）、星期四（11.48%）、星期五（11.16%）、星期六（10.04%），這四天的整體占有百分比皆低於平均值（11.63%），且有越到週末相對點選率越低的趨勢。

因此有點選「離島之旅」者符合假設 2，即長停留時間的旅遊型態，點選時機多為週一、週二，且以休憩地區活動類型最多。

表 4-2-4　離島之旅＊星期點選次數、占離島之旅內及占總數之百分比率

排名	類型＊星期	Mon 個數	占該週%	占總數%	Tue 個數	占該週%	占總數%	Wed 個數	占該週%	占總數%	Thu 個數	占該週%	占總數%	Fri 個數	占該週%	占總數%	Sat 個數	占該週%	占總數%	Sun 個數	占該週%	占總數%	TOTAL 個數	占該週%	占總數%
9	離島之旅	1438	17.93	6.58	1291	16.10	6.58	1189	14.83	6.42	1135	14.15	6.71	1268	15.81	6.35	698	8.70	6.17	1000	12.47	7.35	8019	100	6.58
34	澎湖群島三日遊A行程	301	18.81	1.37	275	17.19	1.40	246	15.38	1.33	233	14.56	1.37	257	16.06	1.29	110	6.88	0.97	178	11.13	1.31	1600	100	1.31
57	澎湖本島與南海二日遊	152	18.60	0.69	125	15.30	0.64	147	17.99	0.79	102	12.48	0.60	128	15.67	0.64	56	6.85	0.49	108	13.22	0.79	817	100	0.67
59	蘭嶼二日遊	149	19.01	0.68	114	14.54	0.58	113	14.41	0.61	98	12.50	0.58	115	14.67	0.58	69	8.80	0.61	126	16.07	0.93	784	100	0.64
60	金門二日遊A行程	151	20.30	0.69	138	18.55	0.70	123	16.53	0.66	89	11.96	0.53	119	15.99	0.60	33	4.44	0.29	91	12.23	0.67	744	100	0.61
64	海上明珠-澎湖之旅	145	20.28	0.66	125	17.48	0.64	116	16.22	0.63	75	10.49	0.44	140	19.58	0.70	44	6.15	0.39	70	9.79	0.51	715	100	0.59
67	金門三日遊	92	16.25	0.42	89	15.72	0.46	79	13.96	0.43	92	16.25	0.54	79	13.96	0.40	43	7.60	0.38	92	16.25	0.68	566	100	0.46
68	蘭嶼之旅	112	20.11	0.51	89	15.98	0.46	71	12.75	0.38	66	11.85	0.39	74	13.29	0.37	50	8.98	0.44	95	17.06	0.70	557	100	0.46
73	金門國家公園二日遊	69	18.90	0.31	54	14.79	0.28	43	11.78	0.23	54	14.79	0.32	47	12.88	0.24	33	9.04	0.29	65	17.81	0.48	365	100	0.30
TOTAL	該週瀏覽總數	2609			2300			2127			1944			2227			1136			1825			14167		
	整體瀏覽總數	21930			19611			18526			16914			19960			11320			13603			121864		
		18.42	11.90		16.23	11.73		15.01	11.49		13.72	11.48		15.72	11.16		8.02	10.04		12.88	13.42		100	11.63	

註：占該週的%：點選離島之旅人次，占點選該週瀏覽總數的百分比。

占總數的%：點選離島之旅人次，占各星期之整體瀏覽總數的百分比。

（四）有點選「兩天以上的旅程」者：

　　檢定結果在二、三、四月中有點選「兩天以上的旅程」且達到顯著的瀏覽者中，有十八項是點選兩天以上的旅程相關行程，分別為排序 13 的台北士林夜市、東區商圈、烏來小吃三日遊、排序 14 的南台灣二日遊、排序 24 的關子嶺溫泉二日遊、排序 28 的花蓮二日遊、排序 29 的環島五日遊 B 行程、排序 38 的華西街夜市、茶園三日、排序 39 的花東溫泉二日遊、排序 40 的花東美食二日遊、排序 42 的東埔溫泉三日遊、四重溪溫泉二日遊、三峽、鶯歌二日遊、排序 48 的瑞穗溫泉二日遊、排序 55 的北埔客家文化二日遊、排序 56 的三義木雕二日遊、排序 61 的台南文化古蹟二日遊、排序 62 的紅葉溫泉二日遊、排序 72 的東北角海岸地質三日遊、排序 74 的東北角水上活動二日遊（參閱表 4-2-5 與表 4-2-6）。

　　由表 4-2-5 看出來這有十三項是點選「兩天的旅程」的，而點選時間以星期一為最多點選的時機，共有 2899 人次，占點選「兩天的旅程」的 17.7%，其次依序為星期五有 2686 人次，占 16.4%、星期二 2635 人次，占 16.08%、星期四 2423 人次，占 14.79%，星期三占平日最少有 2349 人次，約 14.34%；而週末點選次數最少，約皆只占了 10%；

　　我們再進一步與整體的點選比較下，觀察到星期四的相對點選比例是最高的，有 14.33%，其次是星期六有 14.24%；這十三各旅遊景點雖然皆為二日遊，但是其中還是有差異，如位於花東地區的二日遊景點（花東美食、花東溫泉），網

路點選時機皆偏於星期一、星期二且與週末前幾天的點選率差距頗大；但是在偏於北部的三峽、鶯歌、北埔文化等二日遊，其點選機率多偏於星期五，週末假期前一天；

　　「三天以上的旅程」（參閱表 4-2-6）也是明顯顯示星期一點選率最多，共有 1374 人次，有 16.82%，由其環島五日遊與東埔溫泉三日遊星期一的點選次數更是星期六、星期日人數的兩倍以上；

　　我們再進一步將「三天以上的旅程」與整體的點選比較下，觀察到相對比率偏向於星期日、星期一較高的趨勢。

　　因此有點選「兩天以上的旅程」者與假設 2，長停留時間的旅遊型態，點選時機多為週一、週二，且以休憩地區活動類型最多，相符合。

表 4-2-5　兩日行程＊星期點選次數圖、占兩天以上行程內及占總數之百分比率

排名	類型＊星期	Mon 個數	Mon 占該週%	Mon 占總數%	Tue 個數	Tue 占該週%	Tue 占總數%	Wed 個數	Wed 占該週%	Wed 占總數%	Thu 個數	Thu 占該週%	Thu 占總數%	Fri 個數	Fri 占該週%	Fri 占總數%	Sat 個數	Sat 占該週%	Sat 占總數%	Sun 個數	Sun 占該週%	Sun 占總數%	TOTAL 個數	TOTAL 占該週%	TOTAL 占總數%
14	南台灣二日遊	618	17.11	2.82	641	17.75	3.27	524	14.51	2.83	542	15.01	3.20	559	15.48	2.80	355	9.83	3.14	373	10.33	2.74	3612	100	2.96
24	關子嶺溫泉二日遊	335	17.20	1.53	334	17.15	1.70	277	14.22	1.50	292	14.99	1.73	331	16.99	1.66	198	10.16	1.75	182	9.34	1.34	1948	100	1.60
28	花蓮二日遊	359	20.84	1.64	243	14.10	1.24	264	15.32	1.43	239	13.87	1.41	261	15.15	1.31	165	9.58	1.46	192	11.14	1.41	1723	100	1.41
39	花東溫泉二日遊	246	19.92	1.12	235	19.03	1.20	170	13.77	0.92	178	14.41	1.05	178	14.41	0.89	101	8.18	0.89	127	10.28	0.93	1235	100	1.01
40	花東美食二日遊	249	20.89	1.14	173	14.51	0.88	187	15.69	1.01	174	14.60	1.03	158	13.26	0.79	111	9.31	0.98	140	11.74	1.03	1192	100	0.98
43	四重溪溫泉二日遊	195	17.11	0.89	148	12.98	0.75	155	13.60	0.84	172	15.09	1.02	212	18.60	1.06	107	9.39	0.95	151	13.25	1.11	1140	100	0.94
44	三峽、鶯歌二日遊	153	14.04	0.70	146	13.39	0.74	183	16.79	0.99	134	12.29	0.79	192	17.61	0.96	150	13.76	1.33	132	12.11	0.97	1090	100	0.89
48	瑞穗溫泉二日遊	190	19.19	0.87	142	14.34	0.72	132	13.33	0.71	157	15.86	0.93	144	14.55	0.72	88	8.89	0.78	137	13.84	1.01	990	100	0.81
55	北埔客家文化二日遊	136	16.17	0.62	121	14.39	0.62	123	14.63	0.66	128	15.22	0.76	**189**	22.47	0.95	89	10.58	0.79	55	6.54	0.40	841	100	0.69
56	三義木雕二日遊	119	14.39	0.54	136	16.44	0.69	114	13.78	0.62	136	16.44	0.80	169	20.44	0.85	69	8.34	0.61	84	10.16	0.62	827	100	0.68
61	台南文化古蹟二日遊	109	14.77	0.50	130	17.62	0.66	90	12.20	0.49	112	15.18	0.66	127	17.21	0.64	92	12.47	0.81	78	10.57	0.57	738	100	0.61
62	紅葉溫泉二日遊	132	18.33	0.60	135	18.75	0.69	89	12.36	0.48	118	16.39	0.70	118	16.39	0.59	56	7.78	0.49	72	10.00	0.53	720	100	0.59
74	東北角水上活動二日遊	58	17.74	0.26	51	15.60	0.26	41	12.54	0.22	41	12.54	0.24	48	14.68	0.24	31	9.48	0.27	57	17.43	0.42	327	100	0.27
TOTAL	該週瀏覽總數	2899			2635			2349			2423			2686			1612			1780			16383		
	整體瀏覽總數	21930			19611			18526			16914			19960			11320			13603			121864		
			17.70	13.22		16.08	13.44		14.34	12.68		14.79	14.33		16.40	13.46		9.84	14.24		10.86	13.09		100	13.44

註：占該週的％：點選兩天以上之旅人次，占點選該週瀏覽總數的百分比。

占總數的％：點選兩天以上之旅人次，占各星期之整體瀏覽總數的百分比。

表 4-2-6　三日以上行程＊星期點選次數圖、占兩天以上行程內及占總數之百分比率

排名	類型＊星期	Mon			Tue			Wed			Thu			Fri			Sat			Sun			TOTAL		
		個數			個數			個數			個數			個數			個數			個數			個數		
			占該週%	占總數%		占該週%	占總數%		占該週%	占總數%		占該週%	占總數%		占該週%	占總數%		占該週%	占總數%		占該週%	占總數%		占該週%	占總數%
13	夜市、東區、烏來小吃三日遊	591	16.16	2.69	582	15.91	2.97	578	15.80	3.12	524	14.32	3.10	570	15.58	2.86	360	9.84	3.18	453	12.38	3.33	3658	100	3.00
29	環島五日遊B行程	318	18.81	1.45	281	16.62	1.43	236	13.96	1.27	219	12.95	1.29	256	15.14	1.28	151	8.93	1.33	230	13.60	1.69	1691	100	1.39
38	華西街夜市、茶園三日	164	13.23	0.75	185	14.92	0.94	215	17.34	1.16	165	13.31	0.98	213	17.18	1.07	140	11.29	1.24	158	12.74	1.16	1240	100	1.02
42	東埔溫泉三日遊	226	19.67	1.03	199	17.32	1.01	178	15.49	0.96	140	12.18	0.83	183	15.93	0.92	126	10.97	1.11	97	8.44	0.71	1149	100	0.94
72	東北角海岸地質三日遊	75	17.48	0.34	54	12.59	0.28	87	20.28	0.47	60	13.99	0.35	52	12.12	0.26	35	8.16	0.31	66	15.38	0.49	429	100	0.35
TOTAL	該週瀏覽總數	1374			1301			1294			1108			1274			812			1004			8167		
	整體瀏覽總數	21930	16.82	6.27	19611	15.93	6.63	18526	15.84	6.98	16914	13.57	6.55	19960	15.60	6.38	11320	9.94	7.17	13603	12.29	7.38	121864	100	6.70

註：占該週的％：點選三天以上行程之旅人次，占點選該週瀏覽總數的百分比。

占總數的％：點選三天以上行程之旅人次，占各星期之整體瀏覽總數的百分比。

（五）有點選「住宿」者：

　　檢定結果在二、三、四月中有點選「住宿相關」且達到顯著的瀏覽者中，有五項是點選住宿相關行程，分別為排序 2 的一般旅館、排序 5 的國際觀光旅館、排序 7 的一般觀光旅館、排序 10 的民宿、排序 11 的住宿以及需要長程交通中排序 23 的飛機等。

　　由表 4-2-7 更明顯的看出來這五項是點選「住宿」的點選時間都以星期一為最多點選的時機，共有 11088 人次，占點選住宿的 23.21%，其次依序為星期二 9064 人次，占18.97%、星期三 6829 人次，占 14.3%、星期五 6816 人次，占 14.27%，星期四占平日最少有 6001 人次，約 12.56%；而週末點選次數又更少，約皆只占了 8.35%。

　　而點選排名 10「住宿」與 11「民宿」選項的在星期一皆有 31.32%與 31.4%，與其該週星期六日點選人次比率（5.6%、4.84%）比較皆明顯多了五、六倍。

　　我們再進一步與整體的點選比較下，觀察到星期一的相對點選比例依舊是最高的，有 50.56%，超過整體的五成。如一般觀光旅館在星期一時的點選比率有 15.54%，百分比比星期五、六、日都多出了將近 5%，而住宿與民宿也是在星期一的點選率最高約 8.24%，與星期六（2.58%）比較，多出了約 4 倍，顯示星期一不論在「住宿」該週與整體相對比率下都明顯偏高。

　　由於住宿航空等，需要更提早訂房、訂機等，在這更明顯可看出，越是接近假日其點選人數越少，星期一、二點閱的人數最多。（參閱表 4-2-7）。

　　因此符合前提假設 2，即長停留時間的旅遊型態，點選時機可能為週一、週二，且以休憩地區活動類型最多

表 4-2-7　住宿＊星期點選次數圖、占住宿內及占總數之百分比率

排名	類型＊星期	Mon		Tue		Wed		Thu		Fri		Sat		Sun		TOTAL	
		個數		個數		個數		個數		個數		個數		個數		個數	
		占該週%	占總數%	占該週%	占總數%	占該週%	占總數%	占該週%	占總數%	占該週%	占總數%	占該週%	占總數%	占該週%	占總數%	占該週%	占總數%
2	一般旅館	3409		2717		2134		1959		2106		1175		1371		14871	
		22.92	15.54	18.27	13.85	14.35	11.52	13.17	11.58	14.16	10.55	7.90	10.38	9.22	10.08	100	12.20
5	國際觀光旅館	2110		1784		1686		1479		1746		850		1157		10812	
		19.52	9.62	16.50	9.10	15.59	9.10	13.68	8.74	16.15	8.75	7.86	7.51	10.70	8.51	100	8.87
7	一般觀光旅館	1903		1668		1456		1275		1482		722		977		9483	
		20.07	8.68	17.59	8.51	15.35	7.86	13.45	7.54	15.63	7.42	7.61	6.38	10.30	7.18	100	7.78
10	住宿	1807		1390		686		562		620		292		412		5769	
		31.32	8.24	24.09	7.09	11.89	3.70	9.74	3.32	10.75	3.11	5.06	2.58	7.14	3.03	100	4.73
11	民宿	1472		1188		553		435		521		227		292		4688	
		31.40	6.71	25.34	6.06	11.80	2.98	9.28	2.57	11.11	2.61	4.84	2.01	6.23	2.15	100	3.85
23	航空	387		317		314		291		341		206		291		2147	
		18.03	1.76	14.76	1.62	14.63	1.69	13.55	1.72	15.88	1.71	9.59	1.82	13.55	2.14	100	1.76
TOTAL	該週瀏覽總數	11088		9064		6829		6001		6816		3472		4500		47770	
	整體瀏覽總數	21930		19611		18526		16914		19960		11320		13603		121864	
		23.21	50.56	18.97	46.22	14.30	36.86	12.56	35.48	14.27	34.15	7.27	30.67	9.42	33.08	100	39.20

註：占該週的%：點選住宿之旅人次，占點選該週瀏覽總數的百分比。

占總數的%：點選住宿之旅人次，占點選該週瀏覽總數的百分比。

　　依照 Gunn1988 這些觀光景點皆是屬於遊憩性活動，需要費較多時間與體力，技能的活動，且許多景點的位置位於郊區，需要花費更多交通時間，甚至需要住宿過夜。也因此在星期一的住宿類別的 URL 被點選的機率也是最多，不論是一般旅館或是民宿等，都是在星期一點選率最高，故此假設成立。

　　遊客聚集區域經由交通路線到達遊客觀光的區域，所以觀光業並非純由旅館、航空公司所構成，他必須靠者觀光吸

引力、服務體系、交通運輸、促銷宣傳、資訊提供、等各系
統精細的連接而成（gunn1988）。此系統亦稱為功能性觀光
系統（如圖 4-2-1），因此觀光客也會因為這些元素所影響
行動的意願，及整體的考量。

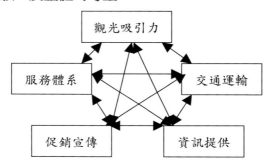

圖 4-2-1 觀光系統圖 （Gunn1988）

三、小結

　　網路媒體與傳統媒體最大差異在於成本因素，傳統媒體
必須考量到內容與傳佈的成本，而在網路上傳播成本相對低
廉，且傳輸效率是無遠佛界的，除此之外，網路可以知道哪
些網頁最受歡迎外，同時也可以追蹤到什麼讀者喜歡什麼樣
的內容，更可以知道哪些時段的消費者喜歡哪些內容，就如
我們在此得到的訊息，使用者喜歡在放假前幾天蒐集有關區
域性的活動，如都市觀光，在離放假日較遠的星期一、二較
喜歡蒐集有關長途跋涉的遊憩區活動等，若能針對不同時段
加強不同類型的廣告宣傳，刺激瀏覽者，加強瀏覽者行動的
驅力，將會增加更多的觀光客前進。

　　行銷策略：觀光遊憩參與者，需要非常重視觀光遊憩產

品的包裝與設計，最主要是要在非尖峰時段創造需求。如星期一、二時，在網路上可以與旅行社合作，提出相較便宜的交通票價，或住宿折扣訊息等，做特殊的目標行銷廣告。星期四星期五時則可以加強都會行景點的配套方案，如台北都會行，配上當季的美食展覽等，虛實合一的網站才會達到乘數效應。

　　而觀光局目前現狀也有相關廣告，美中不足的是此廣告沒有結合時效，在此三個月來未曾變更，尚可加以改進。

第三節　關聯分析

　　本章節主要是透過 SPSS 所開發之 Clementine 軟體，將實際資料進行實證分析。本研究以關聯規則加以分析，並選擇關聯規則中的 GRI 演算法，透過觀光局資訊入口網站上的瀏覽行為所留下的 logs 資料庫中，嘗試為觀光局資訊入口網站中不同類型的瀏灠者，找出最易搭配的配套行程建議方案，以利觀光事業行銷策略之規劃。

　　模型的訓練從前項數 1 個開始，若信心度大於 10％則納入觀察，而前項數 2 個將信心度大於 50％則納入觀察，前項數 3 個則將信心度大於 80％則納入觀察，過程中若期望次數低於 100 則停止訓練。

　　然而我們如何決定哪一個關聯較具代表性？必須考慮兩個獨立的標準，分別為支持度(Support，又稱普遍度)及信心水準（confidence，又稱準確度）（如表 4-3-1）。排序的方式採用 Support x Confidence 即 A∩B 出現的頻率。

一、「主題樂園」之關聯分析

　　在 GRI 關聯模型訓練過程中，首先設定最小規則信心度為 10％、最大前項數目為 1。訓練結果並不符合預期完美。從資料庫中只發現有瀏覽陽明山溫泉二日遊、盧山、谷關溫泉三日遊、北海岸一日遊、墾丁國家公園、高雄、太魯閣峽谷三日遊及太魯閣峽谷、東部海岸國家風景區二日遊的人皆

有 10%~11%的信心度會瀏覽主題樂園（參閱表 4-3-2）。接著於第二次訓練中將前項數目增加為 2，排序後挑選前五名，信心度皆大於 50%，發現在兩兩組合當中，主要皆為「二日遊」的行程，且「美食」、「溫泉」與主題樂園為一大眾的組合。參閱表 4-3-3。由於第二階段期望次數皆低於 100 故停止三個前項的訓練。

表 4-3-1　Support 與 confidence 之差異

支持度（Support）	信心水準（confidence）
表示 B 項目出現的頻率，為所求資料出現在總交易記錄之比例，可作篩選之用。	表示關聯的強度，在 B 項目出現的情況下，出現 A 的機率，即有多高的機率顯示兩者的關聯是確實存在。
Support= B / Total	Confidence = P(A ∣ B)

表 4-3-2　主題樂園 GRI 模型關聯分析之訓練一

IF 點選主題樂園 Then 點選以下 URL	支援度	信心度	期望次數
陽明山溫泉二日遊（瀏覽人數 2766）	2.27%	11%	304
廬山、谷關溫泉三日遊（瀏覽人數 2556）	2.10%	11%	281
北海岸一日遊（瀏覽人數 2180）	2.24%	10%	274
墾丁國家公園、高雄、太魯閣峽谷三日遊 （瀏覽人數 2735）	1.79%	11%	240
太魯閣峽谷、東部海岸國家風景區二日遊 （瀏覽人數 2328）	1.91%	10%	233

表 4-3-3　主題樂園 GRI 模型關聯分析之訓練二

IF 點選以下 URL　　Then 點選主題樂園	支援度	信心度	期望次數
台北都會二日遊 & 盧山、谷關溫泉三日遊（瀏覽人數共 130）	0.11%	66%	86
台北都會一日遊 & 盧山、谷關溫泉三日遊（瀏覽人數共 125）	0.10%	66%	83
台中美食二日遊 & 烏來溫泉二日遊　（瀏覽人數共 152）	0.12%	55%	84
台中美食二日遊 & 陽明山溫泉二日遊（瀏覽人數共 134）	0.11%	60%	80
台南小吃二日遊 & 烏來溫泉二日遊（瀏覽人數共 157）	0.13%	50%	79

　　為了增加關聯的強度，我們進一步將未點選「主題樂園」的人次過濾，僅留下有點選得人次，再透過 Clementine 軟體提供的 WEB 圖形，將資料庫中所有點選「主題遊樂園」的瀏覽者資料以視覺化的方式呈現(圖 4-3-1)。WEB 圖型是一種可以呈現兩兩旅遊類型之間存在關係強弱的工具，模型設定強連結需高於 262 以上。因此，由圖 4-3-1 可知，「主題遊樂園」與「台北都會一日遊」（連結次數 387）、「主題遊樂園」與「烏來溫泉二日遊」（連結次數 342）、「主題遊樂園」與「南台灣二日遊」（連結次數 334）、「主題遊樂園」與「台北士林夜市、東區商圈、烏來小吃三日遊」（連

結次數 320）、「主題遊樂園」與「陽明山溫泉二日遊」（連結次數 304）間具有較強的關聯性。

　　根據（圖 4-3-1）得知，這排名前九名的關聯分析可發現一些線索，以「旅遊類型」來看，會與「主題樂園」一起點選的瀏覽者，有 3 項是有點選各地的「溫泉」之旅，有兩項點選各地的「美食」小吃，有兩項點選「都會」旅行。

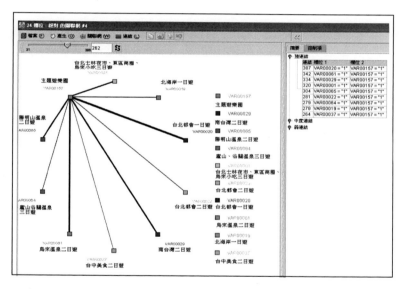

圖 4-3-1　各旅遊類型對「主題樂園」之 web 關聯圖

　　而由「旅遊停留時間」來看，有 5 項點選「二日遊」行程占最多，一日遊與三日遊各占 2 項。

　　若以「地區」來探討，點選「台北縣」的瀏覽最多，其中包括了有 6 項，如台北都會之旅、烏來溫泉、北海岸一日

遊、陽明山溫泉等，此皆為北部著名的旅遊行程；中部、南部也有 3 項，包括台中小吃之旅，南投的廬山、谷關溫泉之旅、南台灣三日遊等。

「六福村」、「八仙樂園」為鄰近臺　都會區的　園，因佔地利之便，當然更容易能夠吸引更多　自四面八方的遊客，故資料顯示北部遊憩點選項目最多的現象！

根據觀光局統計資料，台灣八大主題樂園如下圖 4-3-2，遊樂區建地分散北、中、南各地，但主要以西北半部為主；歷年來台灣的主題樂園以六福村、劍湖山及九族文化村的遊客人數最多、規模最大（觀光局 2003）。而東部地區的花蓮也在去年開幕了花蓮海洋公園，以及耐斯集團也將在台東建設大型主題樂園，未來全台灣各地將有大型的主題樂園。

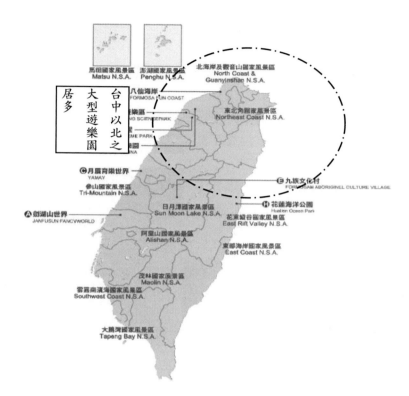

圖 4-3-2　台灣八大主題樂園之分部（交通部觀光局提供）

二、「故宮」之關聯分析

在 GRI 關聯模型訓練過程中，第一次訓練只發現瀏覽台北都會二日遊的人有十分之一都會瀏覽故宮網頁。第二次訓練發現北投溫泉三日遊、七星山連峰登山健行一日遊、台北都會一日遊等組合可以有 16%~32％的信心會去點選故宮，但信心度低於預設值固停止下一階段的訓練（參閱表 4-3-4）。

　　為了增加關聯的強度，我們進一步將未點選「故宮」的人次過濾，僅留下有點選得人次，再透過 Clementine 軟體提供的 WEB 圖形，將資料庫中之點選「故宮」的瀏覽者資料以視覺化的方式呈現（圖 4-3-3）。WEB 圖型是一種可以呈現兩兩旅遊類型之間存在關係強弱的工具，因此，由圖 4-3-3 可知，「故宮」與「台北都會一日遊」（連結次數 320）、「故宮」與「台北都會一日遊」（連結次數 288）、「故宮」與「台北士林夜市、東區商圈、烏來小吃三日遊」（連結次數 253）、「故宮」與「台北都會二日遊 B 行程」（連結次數 212）間俱有較強的關聯性。

表 4-3-4　故宮 GRI 模型關聯分析之訓練

IF 點選以下 URL　　Then 點選故宮	支援度	信心度	期望次數
台北都會二日遊（瀏覽人數 2912）	2.39%	10%	291
北投溫泉三日遊 & 台北都會一日遊（瀏覽人數共 603）	0.49%	22%	133
北投溫泉三日遊 & 台北都會二日遊 C 行程（瀏覽人數共 345）	0.28%	32%	110
七星山連峰登山健行一日遊 & 台北都會一日遊（瀏覽人數共 350）	0.29%	16%	56
七星山連峰登山健行一日遊 & 北投溫泉三日遊（瀏覽人數共 208）	0.17%	19%	40

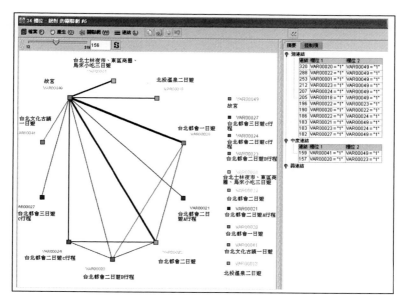

圖 4-3-3　各旅遊類型對「故宮」之 web 關聯圖

　　在針對故宮關聯分析表中，我們發現了一個有趣的現象，即在觀光局資訊入口網站內建的「故宮」介紹的網頁上，有推出建議行程如台北都會一日遊、台北都會二日遊 A 行程、台北都會二日遊 B 行程、台北都會二日遊 C 行程、台北都會二日遊、北投溫泉三日遊、台北都會三日遊 C 行程、台北士林夜市、東區商圈、烏來小吃三日遊這些推薦的行程，也都恰好在這前九名的關聯分析中，可見這種推薦機智有達到強烈的功效，並帶引瀏覽者找到需要的資訊；根據瞭解得知，觀光局資訊入口網站內建之「故宮」網頁，網頁內容是由故宮博物院單位提供，網頁上所呈現的建議行程也是由故宮博物院提供。

　　建議可以增加關聯中出現「七星山連峰登山健行一日遊」、「台北文化古蹟一日遊」於故宮網頁推薦機制上。

　　具觀光局 2003 統計資料，外國人最喜歡的台灣景點其中包含「故宮」，也提出我國小吃美食是吸引各地來台的主要目的之一；因此可以增加些異國風較濃且有規劃的觀光小吃路線，故宮之旅多為輕鬆的一日遊，白天逛故宮享受文化薰陶，晚上也可以提供鄰境外雙溪上的餐飲店資訊，以及台灣著名的夜市資訊。如：台北的永康街、天母、西門町、華西街，以及復興南路（專賣白粥和各色小菜）等地方都可算是台北美食的聚集地。

三、「秀姑巒溪泛舟」之關聯分析

　　在 GRI 關聯模型訓練過程中，第一次訓練只發現一條規則即瀏覽綠島潛水二日遊的人有 585 人，其中有 8％會點選秀姑巒溪泛舟，期望次數為 47，未達到預設標準因此結束訓練（如表 4-3-5）。

　　為了增加關聯的強度，我們進一步將未點選「秀姑巒溪泛舟」的人次過濾，僅留下有點選得人次，再透過 Clementine 軟體提供的 WEB 圖形，將本研究之點選「秀姑巒溪泛舟」的瀏覽者資料以視覺化的方式呈現（圖 4-3-4）。WEB 圖型是一種可以呈現兩兩旅遊類型之間存在關係強弱的工具，因此，由圖 4-3-4 可知，「秀姑巒溪泛舟」與「太魯閣峽谷、東部海岸國家風景區二日遊」（連結次數 67）、「秀姑巒溪泛舟」與「花東溫泉二日遊」（連結次數 52）、「秀姑

彎溪泛舟」與「花東美食二日遊」（連結次數 48）、「秀
姑彎溪泛舟」與「墾丁國家公園、高雄、太魯閣三日遊」（連
結次數 48）間俱有較強的關聯性。

　　秀姑彎溪與綠島浮潛同屬於水上活動，皆是花東旅遊的
熱門地點，而秀姑彎溪在 1981 年起，開始發展泛舟活動，
至今仍是全台最熱門的泛舟勝地，除了泛舟行程之外，在這
裡的關聯分析顯示，花東風景區、溫泉、美食也是強度相關
的。也許因為花東的交通較不便，遊客多以台東市（花蓮市）
為主要進出門戶，故我們可以建議喜歡刺激冒險的遊客在遊
玩泛舟之餘可以配合近郊的溫泉區、太魯閣國家公園與東部
海岸國家風景區為主要行程，並結合當地美食吸引遊客前來
遊玩。

表 4-3-5　秀姑彎溪泛舟之 GRI 模型關聯分析之訓練

IF 點選以下 URL then 點選秀姑彎溪泛舟	支援度	信心度	期望次數
綠島潛水二日遊　（瀏覽人數 585）	0.48%	8%	47

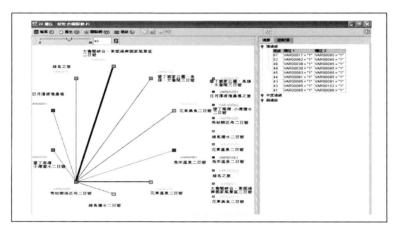

圖 4-3-4　各旅遊類型對「秀姑巒溪泛舟」之 web 關聯圖

四、「會議展覽」之關聯分析

　　在 GRI 關聯模型訓練過程中，第一次訓練發現瀏覽台北都會一日遊、七星山連峰登山健行一日遊、台北文化古蹟一日遊的人有 10%~15%的機率會瀏覽「會議展覽」的網頁。第二次訓練發現墾丁國家公園、高雄、太魯閣峽谷三日遊＆新竹美食二日遊、高雄美食三日遊＆台北文化古蹟一日遊、鹿港美食二日遊＆台北文化古蹟一日遊、鹿港美食二日遊＆台北都會三日遊 C 行程等組合可以有 52%~62%的信心會去點選會議展覽，但信心度低於預設值固停止下一階段的訓練（參閱表 4-3-6）。

　　為了增加關聯的強度，我們進一步將未點選「會議展覽」的人次過濾，僅留下有點選得人次，再透過 Clementine 軟體

提供的 WEB 圖形，將本研究之點選「會議展覽」的瀏覽者資料以視覺化的方式呈現（圖 4-3-5）。WEB 圖型是一種可以呈現兩兩旅遊類型之間存在關係強弱的工具，因此，由圖4-3-5 可知，「會議展覽」與「主題遊樂園」（連結次數 563）、「會議展覽」與「國際觀光旅館」（連結次數 514）、「會議展覽」與「一般觀光旅館」（連結次數 504）、「會議展覽」與「一般旅館」（連結次數 381），發現在兩兩組合當中，除了輕鬆的主題樂園外，有關「住宿」方面亦是「會議展覽」的商務人士所注重的連結。

表 4-3-6　會議展覽 GRI 模型關聯分析之訓練

IF 點選以下 URL then 點選會議展覽	支援度	信心度	期望次數
台北都會一日遊（瀏覽次數 3991）	3.27%	10%	359
七星山連峰登山健行一日遊（瀏覽次數 1633）	1.34%	12%	196
台北文化古蹟一日遊（瀏覽次數 1065）	0.87%	15%	160
墾丁國家公園、高雄、太魯閣峽谷三日遊＆新竹美食二日遊（瀏覽次數 108）	0.09%	58%	63
高雄美食三日遊＆台北文化古蹟一日遊（瀏覽次數 79）	0.06%	62%	49
鹿港美食二日遊＆台北文化古蹟一日遊（瀏覽次數 55）	0.05%	56%	31
鹿港美食二日遊＆台北都會三日遊C 行程（瀏覽次數 56）	0.05%	52%	29

　　點選會議展覽的人多為商務人士，對於商務旅客較重視住宿的品質，故「國際觀光旅館」與相關住宿的關聯度較強，除了住宿之外，商務客也喜歡比較放鬆的主題樂園，或是輕鬆的台北都會行程，也因為會議展覽常在交通方便的大都市舉行，故可推薦商務人士的相關行程以傾向於區域性的活動為主。

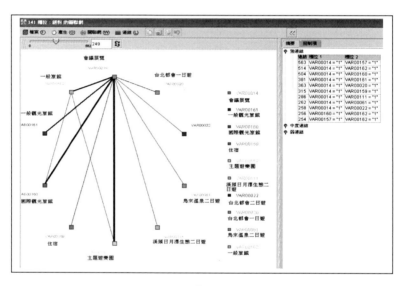

圖 4-3-5　各旅遊類型對「會議展覽」之 web 關聯圖

五、同時點選「國際觀光旅館」且「航空」之關聯分析

　　此研究依舊透過 SPSS 所開發之 Clementine 軟體，將實際資料進行實證分析。跟前一單元所探討的關聯分析不同的地方是在，我們已事前先將非點選「國際觀光旅館」與「航

空」的人次篩除，過濾，保留下來的我們視為「較高消費族群」的人士，共有 277 人次，再透過 Clementine 軟體提供的 WEB 圖形，對這群高消費群作兩兩相關的比較，並將瀏覽者資料以視覺化的方式呈現（圖 4-3-6）。

　　由圖 4-3-6 可知，這群「高消費族群」中有 86 人次會同時點選「一般觀光旅館」與「一般旅館」、有 67 人次會同時點選「一般觀光旅館」與「主題遊樂園」、有 57 人次會同時點選「主題遊樂園」與「一般旅館」、有 55 人次會點選「住宿」與「一般旅館」、有 42 人次會同時點選「溪頭、日月潭生態二日遊」與「一般旅館」這幾個 URL 對於同時點選「國際觀光旅館」與「航空」間具有較強的關聯性。

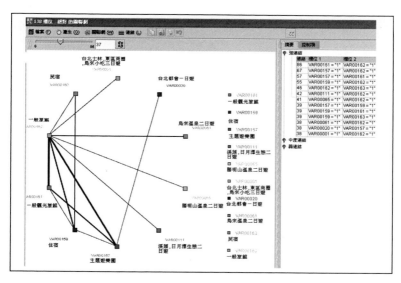

圖 4-3-6　各旅遊類型對「國際觀光旅館」與「航空」之 web 關聯圖

我們發現這群有點選國際觀光旅館與航空的高消費群，對於其他同質性的住宿也是會留意，也許是貨比三家不吃虧的心態、也許是有當地特色一般旅館、民宿等水準漸漸提升，吸引這群高消費者接受與體驗。

除了住宿之外就是「主題樂園」的點選率最高，主題樂園分佈全國，觀光局也可以結合主題樂園與國際飯店和航空做相關配套行程。

六、點選「國際觀光旅館」且「航空」的來源 IP 為何？

我們進一步想了解這些高消費群的人次之居住地分布情形，因此我們查看所提供的 IP 位置，並一一上 Twnic 的網站查詢 IP 的來源登記地，在這有點選「國際觀光旅館」與「航空」的 277 位人次中，我們查詢到有 115 人次有登記來源資料，而這些資料分別為有 102 人次來自台北縣市占最多數、一位來自新竹縣市、一位來自桃園、三位來自台中、兩位來自台南、兩位來自高雄、一位來自屏東、一位來自花蓮。這些人居住地分布零散，但卻都來自大縣市，尤其在資訊發達、消費能力高的台北縣市，點閱率最多。

因為浮動 IP 以及中華電信未開放 IP 來源資料，故所查詢到的 IP 位置僅有部分資料，且皆為公司行號所登記資料，這些資料僅能顯示，有大多數的人為公司團體上網查詢這國際觀光旅館與航空的資訊，且這些公司行號多位於台北縣、市。若能擁有完整資訊，將有更完善的分析。

七、小結

　　本小節透過關聯式法則的分析後，目的是以主題性的探討方式從一堆瀏覽記錄中找出了瀏覽之間的相關聯性，看似兩個獨立的行程或景點，經由資料採礦的處理後，得以結合在一起，讓我們得到了一些寶貴的資訊。

　　樂園因其趣味性高容易吸引各地遊客前往，資料採礦過程發現瀏覽者在瀏覽主題樂園資訊的過程較多點選北邊的遊憩點選，旅遊時間設定為二日，瀏覽過程亦搭配溫泉與美食資訊一併了解。故宮博物院位於外雙溪，瀏覽者在安排計畫過程也傾向連結附近士林的夜市與北投溫泉等都會一日遊的行程，並未因為此求知性較強的故宮之旅而選擇同質性較高的文化活動。而秀姑巒溪泛舟有季節與刺激性的考量，其關聯分析結果偏向同質的戶外型活動，如浮　，其他的瀏覽途徑仍傾向與地區性的旅遊資訊結合。而商務人士點選的會議展覽，多為公事所需，多來自四面八方的人士，故也較重視住宿的品質，所以在會議展覽的網頁上應提供相關住宿資訊，以解決商務人士擔憂的住宿問題。除了住宿之外，也因為會議展覽常在交通方便的大都市舉行，故可推薦商務人士的相關行程以傾向於區域性的活動為主。國際觀光旅館、航空為高消費的旅遊型態，可以配合高消費的活動類型如主題樂園，而同質性的住宿方面也是此高消費人士所關切的，可以加以配套。

　　此研究結果可提供觀光局網頁設計之參考，依照不同關聯在不同網頁間設立連結，突破以往樹枝狀的網頁瀏覽架

構，以網狀的瀏覽架構增加瀏覽的趣味性及強化欲推動之套裝行程的吸引力。

第五章　結論與未來展望

第一節　結論與建議

本論文主要分為兩部分實際運作我國交通部觀光局資訊入口網站之網站日誌檔。

第一部份是運用網路流量分析工具，以"WEB TREND"應用軟體分析網站日誌檔。將日誌檔所有欄位的資料，分析成各種分門別類的報表，加以解讀，以提供網站各部門人員，對於本身工作職掌，做出有效的判斷與評估。

第二部分本研究將觀光局資訊入口網站篩選出一百四十八個旅遊相關網址作深入探討，並透過資料採礦技術來探討我國觀光局資訊入口網站之瀏覽行為分析，並運用關聯分析，找出觀光局網站各旅遊景點類型之關係。

一、WEB TREND 分析結果

針對第一部份 WEB TREND 分析結果，本研究得到以下結論：

（一）使用者行為

我國觀光局資訊入口網站開站至今，每日平均瀏覽人次僅有一萬多人次，相較於一般國內之商業的旅遊網站，

如燦星旅遊網（startravel.com.tw）在 2004 年一月的不重複訪客約達九十七萬人（ARO 網路測量研究，2004），以及同年資策會統計我國網路使用人口數為 888 萬，我國觀光資訊網站瀏覽人數似乎略嫌少。

另一方面，從使用者每次進站瀏覽網頁的數目與停留時間也可發現，相較於內文字數，多數使用者進入網站也僅是以隨意瀏覽為主，真正使用到網站功能的僅有少數的民眾而已，所以才會造成瀏覽網頁數目的比例集中在 4 頁以內，平均停留時間也在 1 分鐘之內為多。一般商業網站應具備和瀏覽者保持高度互動與溝通的特性，讓瀏覽者在連上網後可獲得相關的旅遊交通資訊；而觀光局資訊入口網站的定位為政府為民間所提供的的旅遊資訊查詢網站，這也與網站缺少雙向互動功能有間接關係，若是網站雙向互動功能可以加強，民眾駐足於網站的時間也會相對有所增加。總之，除了讓民眾進站利用網站查詢資訊外，網站應提升網站其它的資訊服務功能，以延長民眾使用的時間，這樣民眾才能窺探網站豐富的資訊。

因此政府下一步應思考如何宣傳、改善網站，讓網站的功效能夠有所發揮，否則空有豐富的功能，卻沒有多少人來利用、以及停留間少這都是相當可惜的事情。

（二）瀏覽時段

從每個月瀏覽的趨勢看來，使用網站的人數，集中於工作日，假日的使用量明顯較低，而每天除了用餐與睡覺時段外，有三個高峰是人潮擁擠的時段，即早上九點～中

午，下午兩點～五點，晚上八點後到十一點，三個人多的
時段。

（三）網頁排名

　　為得知觀光局資訊入口網站中，瀏覽者僅觀光相關景點
點選率作探討，我們在觀光局資訊入口網站中篩選了一百四
十八個旅遊景點之作排名，得知前十名多屬於網頁第一層位
置的欄位，但某些網頁，如、主題樂園不是在建議行程當中，
一般旅館、國際觀光旅館、一般觀光旅館也不是在首頁兩旁
的建議欄位中，但這些頁面的點選率卻能勝過觀光局現有推
薦行程之欄位，故建議當局可加以瞭解瀏覽者需求作網頁上
的改進。

　　其次是觀察到其他受歡迎前十名的旅遊景點依序為，溪
頭、日月潭生態二日遊、台北都會一日遊、烏來溫泉一日遊、
台北士林夜市、東區商圈、烏來小吃三日遊、南台灣二日遊、
台北都會二日遊、台中美食二日遊、陽明山溫泉二日遊、北
埔、內灣戀戀風情一日、北海岸一日遊、建議這些旅遊熱門
的旅遊景點可以增加在網頁熱門景點中，讓瀏覽者更容易找
到所需資訊。

（四）單一網頁網頁元素之錯誤比例

　　在這三個月內，網頁上任一元素出現問題的機率，平均
有 3.5%，對於一個國家之入口網站，在品質的要求下，必
須要再加強此網站的管理與維護。相信降低網頁元素錯誤的

比例，民眾對觀光局資訊入口網站才會深具信心，外國人士對我國觀光資訊入口網站也會更滿意。

二、資料採礦技術分析

針對第二部份資料採礦技術分析結果，本研究得到以下結論：

（一）交叉分析

得知在二月~四月其中在一百四十八個 URL 景點中有七十七項的結果顯示，在自由度為 6 時，.05 的顯著水準之下，表示「旅遊型態」與「星期」兩變項間並非獨立，有顯著相關存在。再一步驗證得知：一天、兩天行程的欄位，點選時機多接近週末假期，且以區域性的活動都會生活類型最多。若長停留時間的旅遊型態，點選時機可能為週一、週二，且以休憩地區活動類型最多（如：休閒度假村、如登山露營、觀光牧場、會議中心、離島地區、環島五日遊等（Gunn1988）。）

行銷策略建議：觀光遊憩參與者，需要非常重視觀光遊憩產品的包裝與設計，最主要是要在離峰時段創造需求。如星期一、二時，在網路上可以與旅行社合作，提出相較便宜的交通票價，或住宿折扣訊息等，做特殊的目標行銷廣告。星期四、星期五時則可以加強「都會型」景點的配套方案，如台北都會行，配上當季的美食展覽等，虛實合一的網站才會達到乘數效應。

（二）關聯分析

　　透過關聯式法則的分析後，目的是以主題性的探討方式從大量瀏覽記錄中找出了瀏覽之間的相關聯性，看似兩個獨立的行程或景點，經由資料採礦的處理後，得以結合在一起，讓我們得到了一些寶貴的資訊並提供給網站管理者作參考。

1.活力型的「主題樂園」點選者：因「主題樂園」趣味性高容易吸引各地遊客前往，資料採礦過程發現瀏覽者在瀏覽主題樂園資訊的過程較多點選台灣北部的遊憩景點，旅遊時間多設定為二日，瀏覽過程亦搭配溫泉與美食資訊一併了解。

【建議】：觀光局在主題樂園網頁上增加有關溫泉與美食相關建議觀光局在主題樂園網頁上增加有關「溫泉」與「美食」相關建議行程的連結，（參閱下表 5-1-1）。

表 5-1-1 主題樂園相關建議行程

<北部走走>
- 陽明山溫泉二日遊、台北士林夜市、東區商圈、烏來小吃三日遊、台北都會一日遊。
<中部走走>
- 盧山、谷關溫泉三日遊、台中小吃之旅、
<南部跑跑>
- 墾丁國家公園、南台灣二日遊、台南小吃二日遊
<東部晃晃>
- 高雄、太魯閣峽谷、東部海岸國家風景區二日遊、花東小吃

2.求知性型的「故宮博物院」：故宮位於北部外雙溪，瀏覽
　者在安排計畫過程也傾向連結附近士林的夜市與北投溫
　泉等都會一日遊的行程，並未因此求知性較強的故宮之旅
　而選擇同質性較高的文化活動。（參閱圖 5-2-1）

【建議】：建議可以增加關聯中出現「七星山連峰登山健行
　　　　　一日遊」、「台北文化古蹟一日遊」於故宮網頁
　　　　　推薦機制上。

　　配合台灣著名的夜市小吃資訊。如：鄰近的外雙溪異國餐
廳、台北的永康街、天母、西門町、華西街，以及復興南路（專
賣白粥和各色小菜）等地方都可算是台北美食的聚集地。

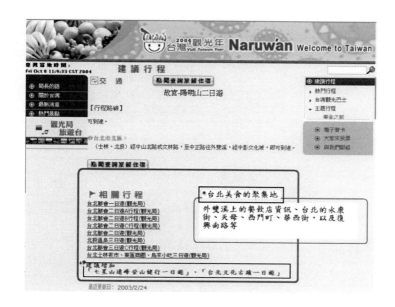

圖 5-2-1、故宮網頁建議圖

135

3.冒險有活力的「秀姑巒溪泛舟」點選者：由於秀姑巒溪泛
　舟有季節性與刺激性的考量，調查期間正屬於淡季，因此
　人數不多；但其關聯分析結果偏向較同質性的戶外型活
　動，如浮　活動等，而其他的瀏覽途徑仍傾向與地區性的
　旅遊資訊結合。（參閱圖 5-2-2）

【建議】：觀光局資訊入口網站上的「秀姑巒溪泛舟」網頁
　　　　　缺乏建議行程，經由此調查後可以將綠島浮　行
　　　　　程、太魯閣峽谷、東部海岸國家風景區二日遊、
　　　　　花東美食等特色推薦瀏覽此頁的用戶。

圖 5-2-2、秀姑巒溪網頁建議圖

4.商務人士：點選的「會議展覽」多來自四面八方，且較為
　公事所需的人，故也較重視住宿的品質，所以在會議展覽
　的網頁上應提供相關住宿資訊，以解決商務人士擔憂的住
　宿問題。除了住宿之外，也因為會議展覽常在交通方便的
　大都市舉行，故可推薦商務人士的相關行程並以傾向於區
　域性的活動為主。（參閱圖 5-2-3）

【建議】：推薦行程為台北都會一日遊、七星山連峰登山健
　　　　　行一日遊、台北文化古蹟一日遊，以及主題樂園。

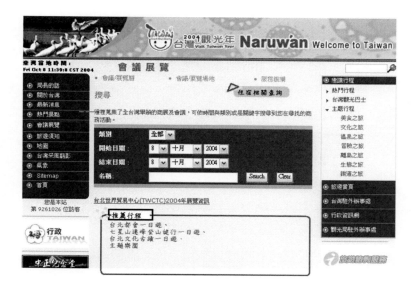

圖 5-2-3、會議展覽網頁建議圖

5.高消費群：國際觀光旅館、航空為高消費群的旅遊型態，
　可以配合高消費群的活動類型如主題樂園，而同質性的住
　宿方面也是此類高消費人士所關切的，可以加以配套。

【建議】：推薦高消費群其他的消費動向，如其他相關住宿
設施與高消費的活動。建議行程：花蓮遠來飯店
與花蓮海洋公園及飛機的配套活動，海洋公園為
新景點，充滿新鮮感的樂園，旁邊有相關國際型
飯店，此可滿足高消費的族群。

三、其他針對觀光局的相關建議：

（一）從分析結果看來，若網頁下方提供推薦行程者，
引導率較高，若能在每個頁面下都有相關建議行程，將可達
到更人性化的推薦機制，並提升與瀏覽者間的互動。

（二）網站可多加行銷不同類型的景點，因為由景點的
排名看來，很多景點都欠缺人次瀏覽，使其瀏覽數量差距盛
大，相對的在實體上的遊客人數也會差距大，若能分散大眾
旅遊的人潮，將可避免尖峰時段人擠人的擁擠現象發生。

（三）配套方案可以針對同質性與異質性的景點作配
套。

（四）藉由專業旅遊雜誌或網站進行廣告，建立地方形
象。

（五）增加網頁互動介面與留言版的相關訊息討論區。

（六）製作生態紀錄片，透過知名媒體進行宣傳推廣，
吸引不同區域 的遊客。

四、產業界的建議

由於觀光旅遊業其本身即為服務業之一種，故旅遊服務亦無法儲存，即具有不可儲藏性（perishability）。不可儲藏性，容易造成旅遊業者離、尖峰人數懸殊的問題，若透過調查分析可以更瞭解現況，減低懸殊問題。

（一）在平日方面，業者可藉由資料採礦關聯分析，辨認於離峰時段出遊之遊客特性，以其為目標市場進行溝通促銷。

（二）在遊憩活動種類方面，可經由設計獨具特色之觀光遊憩活動，吸引遊客願意於離峰時段出遊，此屬於行銷組合之範疇，如透過關聯分析：找出相關產品組合，結合各地方業者以策略聯盟方式對旅客做主題式的安排行程。

（三）因為由網站分析可以得知旅遊景點排名，因此建議業者利用套票的方式以受歡迎的旅遊活動（如：泡湯、美食、主題樂園等活動）搭配較不熱門的活動來作為促銷，除了能吸引遊客在離峰時段至觀光景點遊玩，也希望藉此帶動一些其他週邊產業的發展。

（四）行銷推廣方面：平均而言，遊客對於業者所提供的促銷活動之接受度皆相當高，因此在行銷推廣上，本研究建議業者在舉辦各項促銷活動時，假日與非假日進行差異化訂價，不定期舉辦促銷活動，並可以針對不同遊客偏好、時段作宣傳，舉辦不同性質的促銷活動；如星期一二為住宿促銷日，星期三為區域型活動促銷日，星期五、星期六為都市型配套促銷日等。

（五）透過社團或團體舉辦之活動來吸引團客，如：學校單位、公家機構、私人企業等。

（六）企業必須界定採取網路資料採礦之目標，以作為整體策略之準則。多數企業採取網路資料採礦多為支援公司整體行銷策略，亦有部份企業僅將網路作為其行銷管道之一，並將其與傳統行銷管道區隔。

（七）國人的旅遊傳統上還是非常仰賴口碑相傳的傳播方式，是否能夠創造出高的滿意度進而形成好的口碑，好口碑對於各旅遊據點拓展遊客群、增加收益具有非常大的正面幫助；同樣的，壞口碑對於旅遊據點的吸引力也具有強大的殺傷力。因此各旅遊據點還是得強化自身的服務與設施表現，才能有效的利用口碑傳播，快速的吸引客源、創造收益。

進年來興盛的網路傳播有其一定的效果，這亦是國內旅遊市場在資訊傳播上可多加利用的一項資源。

第二節　未來研究方向

本研究是利用資料採礦的技術，針對台灣觀光局網站日誌檔案之實作分析。但是由於研究仍屬初探，尚有許多待改進之處，因此針對本研究提出建議與未來展望，包括以下數點：

一、增加研究調查方式：

本研究受限於人力、物力、時間等因素，無法運用各種

研究方法來研究觀光局資訊入口網站，因此建議後續研究者可以繼續運用查詢過程記錄分析法，並結合問卷調查、實驗室觀察法及訪談等，更全面性的評估我國觀光局資訊入口網站（參考表 5-2-1）。

表 5-2-1、問卷調查、實驗室觀察法及訪談之調查內容

調查方式	調查內容
問卷調查法	為公開方式蒐集個別使用者使用行為與態度的報告。可以瞭解使用者人口特質等個人基本資料；可依研究需求不同而可設計不同問項等的統計資料。 操作方向：可於機場、交通節點處找尋國內外人士，作問卷調查。
實驗室觀察法	將受測者安排於一處安靜的環境下此環境，由主測者給予時間上的限制，如方法一：以時間限制方式，觀察瀏覽之需求、瀏覽排序等資料庫；或方法二：給予受測者一個明確查詢目標之方式，來瞭解使用者的實際操作狀況、細微的情緒、反應、表情、動作和行為。 操作方向：可位於各機場或是在學校找學生做實驗。
訪談法	這是為了避免量化研究所得之概約性數據；可利用非結構性的訪談法，來瞭解使用者對於各種不同的資料庫入口之瀏覽介面的使用情形及遭遇的困難，以及對於資料庫入口之瀏覽介面的認知情形、使用情形及使用時的障礙。

二、調查時間延長：

由於僅有三個月的資料可作分析，若觀光局能保存一年

以上的資料，將延長調查時間，進而針對不同季節不同時間作探討、比較。一個長期遊客基本資料的建立對於旅遊產業的發展有著關鍵性的影響，運用這些資料進行分析可以了解哪些遊客對某類型的據點具有較高的忠誠度或較高的利潤貢獻度，如此有助於據點經營者進行留住遊客。

　　換言之，必須掌握整體之生命週期，針對不同需求提供產品與服務。觀光局可運用長時間調查，針對不同時間點、事件、節慶、做事前與事後之評估，更了解市場趨勢與市場動脈，尋找潛在客戶，重視供給與需求之規劃分析。

三、路徑分析：

　　將使用者存取檔案之 URL 之順序紀錄，並規劃瀏覽動線。例如：當我們找出了使用者的存取路徑時，我們便可將觀光活動的相關資訊放在最常被瀏覽者存取的網頁上，以提升使用者的參與率;或是根據使用者的存取路徑，將網站的連結結構合理化，讓使用者能透過最少次的連結，便找尋到所想要的資訊。

　　假設：50 ％的使用者連到台中美食二日遊的路徑，是遵循建議行程到美食之旅路徑連結過來的；而 70％的使用者是從美食之旅開始瀏覽此網站。

　　由此路徑分析可知，台中美食二日遊包含使用者感興趣的內容，但超連結需要路才可找到，此外大部分人是直接瀏覽美食之旅跳過建議行程，這表示使用者對欲瞭解之主題很明確。

　　從路徑分析（Path Analysis）讓提供網站管理者瞭解網站的結構，並修正不必要之網頁連結，將網頁結構合理化。如何安排網站內容，產品間相互推薦，讓網路瀏覽者有機會接觸其他產品，抓住網站瀏覽者（Browser）的心理。亦可找出哪些是重要的集結網頁，這類網頁應被視為網路行銷的重要網頁。

四、連續、順序模型（Sequential Patterns）分析：

　　此分析可運用 cookies 做追蹤，應用時間框架歸納顧客行為模式。

　　cookies 是由伺服器發送出來的，可以追蹤造訪的瀏覽器與檢視頁面的類型，並提供了一些有用的資料，讓你明瞭訪客多久瀏覽一次，及瀏覽途徑。cookies 屬於特殊的HTTP，由伺服器傳往瀏覽器，駐載於瀏覽器所屬硬碟的小文字檔中。

　　因此觀光局資訊入口網站可發出 cookies 給以下三類訪客：
1. 首次參觀的訪客，記錄其瀏覽習性。
2. 再來參觀的訪客以確定他們的偏好。
3. 填答問卷時所有的訪客，以便將 cookies 與線上表格中的客戶個人資料連結。

　　cookies 是大部分電子商務網站追蹤客戶活動的標準元件。他們的作用在於當作計數器與獨特的辨識值，可以告訴網站管理者誰是首次參觀的訪客，以及回訪的訪客參觀站內的部分的資料。

因此可利用 cookies 或網站登入資訊，追蹤顧客多次瀏覽之行為，了解瀏覽者前後行為之變化：

1. 瀏覽者是否是首次造訪網站的人。
2. 瀏覽者重複上網的頻率是否越來越頻繁，還是越來越少；這也可以間接表達瀏覽者的忠誠度；並試著讓更多瀏覽者成為回流的上網者。
3. 瀏覽者是否有呈現固定週期造訪的趨勢；這可以預測瀏覽者下次何時應再度光臨，我們也可以知道隔多久這些瀏覽者沒有上網時，我們就必須採取些行動了。（例如、加強宣傳、提醒）
4. 當瀏覽者重複造訪網站是否總是看同樣的商品資訊類別；這也可以顯示特定瀏覽者的偏好。
5. 久未造訪的瀏覽者（流失的瀏覽者）是否有共同的特徵？有多少比例是單次上網就消聲匿跡的？她們是否有相同的瀏覽途徑？
6. 哪些行銷活動會促使瀏覽者重複造訪網站？

能夠從訪客的觀點來觀察歷史瀏覽行為是網路的最大優勢，也因此我們必須定期跨時的搜集與分析網站資料。

例如：多數在一星期前搜尋節慶的人，會在一週後搜尋建議行程，並也搜尋住宿項目並訂房。

亦可縮小時間範圍，了解單一位瀏覽者從進入觀光局網站到離開的所有順序、停留時間之過程。

例如：多數的人在溫泉之旅停留時間最久，在經過文化之旅台灣地理位置介紹後就離開此網站。

可以藉此了解潛在客群的行為模式，以做行銷規劃。

五、增加對多媒體物件之調查分析：

此次研究對於網頁內容的萃取與表示方式，僅針對觀光局資訊入口網站部分景點進行分析，而去除了多媒體的檔案格式。因此未來可朝多媒體網頁內容分析邁進，並且對於動態連結的網頁檔案，尋求可分析之方式，讓網頁內容萃取的結果更滿足使用者之瀏覽情形。

六、增加多國語言版本之分析：

觀光局資訊入口網站有多種語言，但此次研究僅針對中文版網頁分分析，而觀光局網頁目前有八種語言版本，若能針對不同語言網頁分析，將更能瞭解國外人士對於我國感興趣的觀光景點，也能因此針對外國人作不同促銷與推廣。

例如、可分析流量較多的英文、日文網站，因為日本觀光客也是台灣發展觀光的目標族群，若能更了解其需求，可提供更完善的策劃與服務。

也可以在國內、外網站增補額外資料類型及問卷，包括人口統計、社經背景、居住地點，並將這些外部資訊連結到網站資料庫時，可讓我們更深入瞭解訪客的身份、特質、生活方式、行為。

例如，有了居住地點位置，我們不但可以提供當地新聞、優待券、服務與氣象資料給訪客，同時也能讓我們更瞭解客戶的人口統計特性等。

七、 自動預測趨勢和行為

透過程式能讓資料採礦自動在大型資料庫中尋找預測性資訊，以往需要進行大量手工分析的問題如今也可以迅速直接由資料本身得出結論。

一個典型的例子是市場預測的問題，資料採礦使用過去有關促銷的資料來尋找未來投資中回報最大的用戶，其他可預測的問題包括對指定事件最可能作出反應的群體，可針對有消費行為的旅遊網站作分析，更能瞭解其意圖與實際行為之關係。

八、 廣告適配度

廣告主要的是要表達行銷宣傳，透過多媒體的廣告可以提升品牌的知覺、誘導瀏覽者在特定時間內進行行動、可以根據網友的 IP 位置給予特定國家的廣告、搜尋引擎可以根據使用者輸入的關鍵字給予廣告的依據、如瀏覽者在查詢「溫泉」時，立即給他溫泉廣告，增加網友方便性與誘因，但此型類型行銷需建立在許可式的條件下，以免得到反效果。

網路資料詳載使用者的網站瀏覽行為，亦可以計算點選標語廣告所顯示的行為偏好、哪些廣告是使用者較常訪問等，以作網頁配置之妥善安排。

九、運用資料採礦技術進行商品交叉銷售

目前資料採礦技術在國內外的顧客關係管理上，最常使用在直效行銷、購物交叉行銷、客戶關係行銷、客戶服務或客戶流失分析等應用上。

資料採礦技術提供多種分析方法，以利進行客戶分析及預測，如客戶分群、目標式客戶區隔等，或是購物習性分析如協銷規則分析、序銷規則分析等，以便立即提供企業分析結果來判斷並做有效的行銷活動。

故可利用資料採礦技術加深與瀏覽者間的關係，甚至進一步可以交叉銷售或增值銷售。

十、分類（classification）

按照分析對象的屬性分門別類加以定義，建立類組（class）。例如，將網站瀏覽者的屬性，區分為勇於冒險的瀏覽者、文藝趨向的瀏覽者、愛好蒐集資訊的瀏覽者、夜貓族群的瀏覽者等。並針對不同瀏覽者做有效的策略行銷。使用的技巧：決策樹、記憶基礎推理等。

十一、研究各國觀光局入口網站

研究各國觀光局入口網站發展現況及其推廣的策略，以提出我國觀光局入口網站行銷之建議。

十二、針對不同觀光目的地進行比較研究

　　透過不同觀光目的地進行比較研究以瞭解旅客選擇旅遊路線模式的影響因素是否有所差異；可在網路空間上看出旅客選擇旅遊路線模式的分佈情形，進而加以歸納，作為觀光遊憩系統規劃之參考。

第三節　研究限制

　　一、IP 來源資料不全：因為本研究之網站並非客製化之網站，故也沒有詳細個人資料，因此當我們試著透過 IP 來源來剖析其瀏覽者的社經背景時，出現研究困難，即是 IP 來源資料不易索取，亦沒有一個完整的 IP 資料庫對應；故未來可加強 domain name 有一個專屬的資料庫以對應出正確的地域來源。

　　二、時間限制因素，此網站僅調查三個月資料，故無法推估全年。

　　三、時間序列之調查困難，由於觀光局網站非客製化之網頁，無法偵測瀏覽者上網之前後關係，若能增加客製化網頁或是增加 cookies 來偵測瀏覽行為，將可以解決此問題。

參考文獻

丁一賢（2001）。運用網頁探勘為基礎的個人化技術於網路廣告之探討。彰化師範大學資訊管理學系碩士論文，未出版，彰化。

行政院經建會住宅及都市發展處（1983）。臺灣地區觀光遊憩系統之研究。台北。

行政院經建會都市及住宅發展處（1989）。臺灣地區各生活區居民戶外遊憩活動之研究。台北。

行政院經濟建設委員會都市及住宅發展處，（1991），台灣戶外遊憩政策之研究，台北。

沈兆陽（2002）。資料倉儲與 ANALYSIS SERVICES SQL SERVER 2000 OLAP 解決方案。台北：文魁。

吳凱雯（2001）。利用資料採礦技術提供網際網路使用者個人化服務。靜宜大學資訊管理學系碩士論文，台中。

何昶毅（2001）。以網頁探勘技術提供一對一個人化服務。東海大學企業管理學系碩士論文，未出版，台中。

李貽鴻（1995）。觀光行銷學。台北：五南。

林佩璇（2001）。入口網站會員特性模式之分析與行銷策略之制訂—以國內某入口網站為例。國立政治大學/資訊管理學系碩士論文，未出版，台北。

林晏州（1984）。遊憩者選擇遊憩區行為之研究。都市與計畫，10， 33-49。

周錚瑋（2001）。擷取使用者最有興趣的關聯式法則-以資管系學生成績資料分析為例。中國文化大學資訊管理研究所碩士論

文，未出版，台北。

馬惠玲（2003）。台灣地區國內旅遊市場區隔變數之研究。逢甲大學建築及都市計畫研究所碩士論文，台中。

曹正（1979）。東北角海岸風景特定區研究報告。交通部觀光局委託。

陳孟豪（2002）。一個針對 XML 網頁特性的資料探勘架構。靜宜大學資訊管理系碩士論文，未出版，台中。

陳建銘（2001）。類神經網路於 Web Mining 之應用。台北科技大學商業自動化與管理研究所碩士論文，未出版，台北。

彭湘梅（1996）。以使用性工程發展全球資訊網頁之研究：以臺北愛樂全球資訊網頁為例。國立交通大學，台北。

游政憲（2000）。網路瀏覽行為線上分析機制之研究。八十九年度全國管理碩士論文獎暨研討會。

黃汝棋（2003）。考慮文件資訊價值之快取置換策略。朝陽科技大學資訊管理系碩士論文，未出版，台中。

楊勝博（1999）。隔週休二日國內旅遊參與型態影響之研究—以九族文化村、劍湖山世界遊樂區為例。逢甲大學建築及都市計畫研究所碩士論文，未出版，台中。

楊昇宏（2000）。資料採礦應用於找尋瀏覽網頁之型樣。逢甲大學資訊工程研究所碩士論文，未出版，台中。

楊煜愷（2001）。以完全項目集合演算法挖掘與分析使用者瀏覽行為。暨南國際大學資訊管理研究所碩士論文，未出版，南投。

盧木賢（2002）。資料採掘應用於 Web Marketing。淡江大學資訊工程學系碩士論文，未出版，台北。

鄭安授（2001）。電子報使用者瀏覽行為之描繪—以交大學生為例。國立交通大學傳播所碩士論文，未出版，新竹。

鄭旭峰（2001）。運用資料採礦技術於個人化網路廣告系統之建

置。逢甲大學企業管理研究所碩士論文，未出版，台中。

蘇育民（2001）。意圖行為於網路瀏覽習慣探勘之探索。義守大學資訊工程學系碩士論文，未出版，高雄。

薛明敏（1981）。觀光的構成。台北：餐飲雜誌社出版。 pp.67-74。

蔡麗伶（譯）（1990）。Mayo E. J. & L. P. Jarvis 著。旅遊心理學。台北：揚智。

Berry, M. J., & Linoff, G. （1997）. Data Mining Techniques for Marketing, Sales and Customer Support, Wiley.

Berry, M. J., & Linoff, G. （2003）.Web, Sales and Customer Support, Wiley.

Cooley, R., Mobasher, B., & Srivastava, J. （1997）. "Web Mining Information and Pattern Discovery on the World Wide Web", Proceedings of Ninth IEEE International Conference on Tools with Artificial Intelligence.

Fayyad, U., （1998）. "Mining Database: Towards Algorithms for knowledge Discovery"，IEEE Computer Society Technical Committee on Data Engineering.

Gunn, C., （1988）. Vacationscapes: Designing tourist regions. New York: Van Nostrand Reinhold.

Marchionini, G., （1995）. Information Seeking in Electronic Environments. New York: Cambridge University Press. , p.100.

Kelly, J., & Godbey, G.. （1992）.Time in time out. The Sociology of Leisure. pp.173-190. State College, PA : Venture.

Kay T., & Jackson G.（1991）. Leisure despite constraint: The impact of leisure constraint on leisure participation. Journal of Leisure Research, 23（4）, 301-313.

Newman, M., & Landay, J. （2000）. Sitemaps, Storyboards, and Specifications: A sketch of web site design practice. DIS'00, pp.

263-274.New York: ACM Press.

Pieter, A., & Dolf, Z. （1996）. Data Mining, Addison Wesley Longman.

【網路資料】

http://ecommerce.vanderbilt.edu/cmepaper.revision.july11.1995/cmepaper.html

http://www.computer.org/proceedings/hicss/0001/00015/00015042abs.htm.

http://www.taiwan.net.tw/lan/cht/index/

http://www.dgbasey.gov.tw/

http://www.twnic.com.tw

Nua Internet surveys （http://www.nua.com/surveys/）.

IDC Taiwan （http://www.idc.com.tw/c_default.htm）.

Internet Software Consortium （http://www.isc.org/）.

附錄 1　網頁欄位

第一層首頁欄位

實際內容	點選檔案代表類型，名稱	連結位置
美食之旅	lan/cht/images/right2_05.gif	lan/Cht/travel_tour/index.asp?class=11%2B11
文化之旅	lan/cht/images/right2_06.gif	lan/Cht/travel_tour/index.asp?class=11%2B12
溫泉之旅	lan/cht/images/right2_07.gif	Cht/travel_tour/index.asp?class=11%2B13
冒險之旅	lan/cht/images/right2_08.gif	lan/Cht/travel_tour/index.asp?class=11%2B14
離島之旅	lan/cht/images/right2_09.gif	Cht/travel_tour/index.asp?class=11%2B15
生態之旅	lan/cht/images/right2_10.gif	lan/cht/images/right2_10.gif
鐵道之旅	lan/cht/images/right2_11.gif	lan/Cht/travel_tour/index.asp?class=11%2B17
熱門景點	lan/cht/images/left2_05.gif	lan/Cht/attractions/Index.asp
會議展覽	lan/cht/images/left2_06.gif	lan/Cht/business/index.asp

第一層欄位	第二層欄位之觀光景點	其它可連結到第二層欄位觀光景點的第一層欄位
熱門行程	七星山連峰登山健行一日遊	冒險之旅
	三峽、鶯歌文化民俗之旅	文化之旅
	太魯閣峽谷、東部海岸國家風景區二日遊	生態之旅
	北投溫泉三日遊	

153

北海岸一日遊　　　　　　　　　　生態之旅

台北都會一日遊

台北都會二日遊

台北都會二日遊 A 行程

台北都會二日遊 B 行程

台北都會二日遊 C 行程

台北都會三日遊 A 行程

台北都會三日遊 B 行程

台北都會三日遊 C 行程

東部海岸國家風景區一日遊

南台灣二日遊

墾丁國家公園、高雄、太魯閣峽谷三日遊

美食之旅　柿餅之鄉巡禮一日遊

基隆廟口小吃一日遊

新交通好心情－輕鬆到淡水　　　　文化之旅

台南小吃二日遊

新竹美食二日遊

鹿港美食二日遊

台中美食二日遊

花東美食二日遊

宜蘭美食二日遊

台南都會古蹟之旅　　　　　　　　文化之旅

華西街夜市、茶園三日遊

台北士林夜市、東區商圈、烏來小吃三日遊

高雄美食三日遊

屏東山海產美食三日遊

文化之旅　北埔、內灣戀戀風情一日遊

鹿港文化古蹟一日遊

艋舺古蹟之旅

大鵬灣國家風景區之旅　一日遊　　　　冒險之旅

台北文化古蹟一日遊

新交通好心情－輕鬆到淡水　　　　　　美食之旅

九分、金瓜石二日遊

台南都會古蹟之旅

三峽、鶯歌二日遊　　　　　　　　　　熱門行程

澎湖文化古蹟二日遊

北埔客家文化二日遊

大鵬灣國家風景區之旅二日遊　　　　　冒險之旅

台南文化古蹟二日遊

鹿港－八卦山之旅

金門國家公園二日遊

故宮－陽明山二日遊

三義木雕二日遊

集集民俗古蹟三日遊

高雄文化古蹟三日遊

中部文化古蹟三日遊

溫泉之旅　寶來、不老溫泉二日遊

關子嶺溫泉二日遊	
玉山國家公園之旅-新中橫塔塔加遊憩區二日遊	生態之旅、生態之旅
瑞穗溫泉二日遊	
四重溪溫泉二日遊	
台北都會二日遊 D 行程	推薦行程
玉山國家公園之旅－南安瓦拉米遊程二日遊	冒險之旅、生態之旅
烏來溫泉二日遊	
花東溫泉二日遊	
南橫西段－茂林之旅	冒險之旅
紅葉二日遊溫泉	
廬山、谷關溫泉三日遊	
陽明山溫泉二日遊	
蘇澳、仁澤溫泉三日遊	
日月潭－清境農場之旅	冒險之旅
玉山國家公園之旅－新中橫塔塔加遊憩區三日遊	生態之旅、冒險之旅
綠島、知本溫泉三日遊	離島之旅
玉山國家公園之旅-南橫梅山埡口遊程 三日遊	生態之旅、冒險之旅
東埔溫泉三日遊	
礁溪、蘇澳溫泉三日遊	
玉山－阿里山－新中橫之旅	

冒險之旅	玉山國家公園之旅-新中橫塔塔加遊憩區	生態之旅、溫泉之旅
	玉山國家公園之旅-南安瓦拉米遊程	生態之旅、溫泉之旅
	玉山國家公園之旅-南橫梅山埡口遊程	生態之旅、溫泉之旅
	陽明山國家公園之旅	生態之旅
	草嶺古道主題一日遊	
	大鵬灣國家風景區之旅　一日遊	文化之旅
	七星山連峰登山健行一日遊	建議行程
	塔塔加鞍部－玉山主峰二日遊	
	玉山國家公園之旅－新中橫塔塔加遊憩區二日遊	生態之旅、溫泉之旅
	草嶺古道二日遊	
	鶯歌－石門水庫之旅	
	草嶺古道二日遊－東北角海岸國家風景區	
	澎湖水上活動二日遊	
	南橫西段－茂林之旅	溫泉之旅
	大鵬灣國家風景區之旅二日遊	文化之旅
	走馬瀨－嘉義農場之旅	
	綠島潛水二日遊	
	東北角水上活動二日遊	
	花蓮秀姑巒溪泛舟二日遊－花東縱谷國家風景區	
	墾丁南灣、小灣潛水二日遊	

阿里山地區國家森林步道健行二日遊	
玉山國家公園之旅－南安瓦拉米遊程二日遊	生態之旅、溫泉之旅
玉山國家公園之旅－南橫梅山埡口遊程二日遊	生態之旅、溫泉之旅
玉山國家公園之旅－新中橫塔塔加遊憩區三日遊	生態之旅、溫泉之旅
日月潭－清境農場之旅	溫泉之旅
合歡山登山三日遊	
馬那邦登山三日遊	
三義─明德水庫之旅	
玉山國家公園之旅－南橫梅山埡口遊程三日遊	生態之旅、溫泉之旅
大霸尖山三日遊	
玉山－阿里山－新中橫之旅	

離島之旅	龜山島一日遊
	蘭嶼二日遊
	金門二日遊 A 行程
	金門二日遊 B 行程
	澎湖本島、北海與東海二日遊
	綠島之旅
	澎湖本島與南海二日遊
	蘭嶼之旅
	馬祖三日遊 A 行程

澎湖群島三日遊 A 行程

澎湖群島三日遊 B 行程

海上明珠－澎湖之旅

馬祖三日遊 B 行程

金門三日遊（觀光局）

生態之旅	淡水生態一日遊	
	烏來賞鳥一日遊	
	玉山國家公園之旅－新中橫塔塔加遊憩區	冒險之旅
	玉山國家公園之旅－南橫梅山埡口遊程	冒險之旅
	玉山國家公園之旅－南安瓦拉米遊程	冒險之旅
	陽明山國家公園之旅	冒險之旅
	阿里山生態二日遊	
	玉山國家公園之旅－新中橫塔塔加遊憩區二日遊	冒險之旅、溫泉之旅
	合歡山山岳二日遊	
	溪頭、日月潭生態二日遊	
	澎湖生態二日遊	
	北海岸－淡水之旅	熱門行程
	賞鯨加親水步道二日遊	
	花東海岸賞鯨二日遊－東部海岸國家風景區	
	雪霸國家公園二日遊	
	玉山山岳之旅－南橫二日遊	
	棲蘭山歷代神木園二日遊	
	走馬瀨農場、台南二日遊	

	玉山山岳之旅－新中橫二日遊	
	觀音山－八里風景線之旅	
	玉山國家公園之旅－南安瓦拉米遊程二日遊	冒險之旅、溫泉之旅
	玉山國家公園之旅－南橫梅山埡口遊程二日遊	冒險之旅、溫泉之旅
	玉山國家公園之旅－新中橫塔塔加遊憩區三日遊	冒險之旅、溫泉之旅
	太魯閣國家公園－中橫三日遊	
	墾丁熱帶風情之旅	
	東北角海岸－蘭陽之旅	
	南台灣「美濃－高雄」之旅	
	東北角海岸地質三日遊	
	龜山島賞鯨豚二日遊	
	馬那邦山賞楓三日遊	
	中橫－梨山之旅	
	台中都會之旅	
	玉山國家公園之旅－南橫梅山埡口遊程三日遊	冒險之旅、溫泉之旅
	蘭陽溪賞鳥三日遊	
	墾丁國家公園三日遊	
鐵道之旅	蘭陽、太平山二日遊	
	花蓮二日遊	
	東埔、集集二日遊	

160

	南迴三日遊
	花東三日遊
	環島五日遊 B 行程
會議展覽	
原住民之旅	屏東原住民文化二日遊
	花東原住民文化二日遊
主題遊樂園	
交通	
	航空
住宿	
	國際觀光旅館
	一般觀光旅館
	一般旅館
	民宿
	青年會館
購物	

國家圖書館出版品預行編目

資料採礦理論與實作：以臺灣觀光局網站瀏覽
行為為例 / 王佳鳳著. -- 一版. --臺北市
：秀威資訊科技， 2006[民 95]
面 ； 公分. -- (語言文學類 ; AF0044)
參考書目:面
ISBN 978-986-7080-61-5(平裝)

1. 資料探勘
312.974   95011198

社會科學類　 AF0044

資料採礦理論與實作——
以台灣觀光局網站瀏覽行為為例

作　　者 / 王佳鳳
發 行 人 / 宋政坤
執行編輯 / 林秉慧
圖文排版 / 郭雅雯
封面設計 / 羅季芬
數位轉譯 / 徐真玉　　沈裕閔
銷售發行 / 林怡君
網路服務 / 徐國晉
出版印製 / 秀威資訊科技股份有限公司
　　　　　台北市內湖區瑞光路 583 巷 25 號 1 樓
　　　　　電話：02-2657-9211　　　　傳真：02-2657-9106
　　　　　E-mail：service@showwe.com.tw
經 銷 商 / 紅螞蟻圖書有限公司
　　　　　台北市內湖區舊宗路二段 121 巷 28、32 號 4 樓
　　　　　電話：02-2795-3656　　　　傳真：02-2795-4100
　　　　　http://www.e-redant.com

2006 年 7 月 BOD 一版
定價：200 元

讀 者 回 函 卡

感謝您購買本書，為提升服務品質，煩請填寫以下問卷，收到您的寶貴意見後，我們會仔細收藏記錄並回贈紀念品，謝謝！

1.您購買的書名：＿＿＿＿＿＿＿＿＿＿＿＿＿＿＿＿＿＿

2.您從何得知本書的消息？

　　□網路書店　　□部落格　　□資料庫搜尋　　□書訊　　□電子報　　□書店

　　□平面媒體　　□ 朋友推薦　　□網站推薦　□其他＿＿＿＿＿＿

3.您對本書的評價：(請填代號　1.非常滿意 2.滿意 3.尚可 4.再改進)

　　封面設計＿＿＿　版面編排＿＿＿　內容＿＿＿　文/譯筆＿＿＿　價格＿＿＿

4.讀完書後您覺得：

　　□很有收獲　　□有收獲　　□收獲不多　　□沒收獲

5.您會推薦本書給朋友嗎？

　　□會　□不會，為什麼？＿＿＿＿＿＿＿＿＿＿＿＿＿＿＿＿＿

6.其他寶貴的意見：＿＿＿＿＿＿＿＿＿＿＿＿＿＿＿＿＿

＿＿＿＿＿＿＿＿＿＿＿＿＿＿＿＿＿＿＿＿＿＿＿＿＿＿＿

＿＿＿＿＿＿＿＿＿＿＿＿＿＿＿＿＿＿＿＿＿＿＿＿＿＿＿

＿＿＿＿＿＿＿＿＿＿＿＿＿＿＿＿＿＿＿＿＿＿＿＿＿＿＿

讀者基本資料

姓名：＿＿＿＿＿＿＿＿＿　年齡：＿＿＿＿　性別：□女 □男

聯絡電話：＿＿＿＿＿＿＿　E-mail：＿＿＿＿＿＿＿＿＿

地址：＿＿＿＿＿＿＿＿＿＿＿＿＿＿＿＿＿＿＿＿＿＿＿＿

學歷：□高中(含)以下　　□高中　　□專科學校　　□大學

　　　□研究所(含)以上 □其他＿＿＿＿＿＿＿＿

職業：□製造業 □金融業 □資訊業 □軍警 □傳播業 □自由業

　　　□服務業 □公務員 □教職　 □學生 □其他＿＿＿＿＿

To：114

台北市內湖區瑞光路 583 巷 25 號 1 樓

秀威資訊科技股份有限公司　　　收

寄件人姓名：

寄件人地址：□□□

- -

(請沿線對摺寄回,謝謝!)

秀威與 BOD

BOD（Books On Demand）是數位出版的大趨勢，秀威資訊率先運用 POD 數位印刷設備來生產書籍，並提供作者全程數位出版服務，致使書籍產銷零庫存，知識傳承不絕版，目前已開闢以下書系：

一、BOD 學術著作—專業論述的閱讀延伸
二、BOD 個人著作—分享生命的心路歷程
三、BOD 旅遊著作—個人深度旅遊文學創作
四、BOD 大陸學者—大陸專業學者學術出版
五、POD 獨家經銷—數位產製的代發行書籍

BOD 秀威網路書店：www.showwe.com.tw
政府出版品網路書店：www.govbooks.com.tw

永不絕版的故事・自己寫・永不休止的音符・自己唱